question 2

ヤシガニってカニの仲間ですか？

口絵1
(A) ヤシガニの発育。ゾエア幼生
(B) メガロパ幼生
(C) 貝殻を背負って上陸したメガロパ幼生
(D) 貝殻から出た稚ガニ

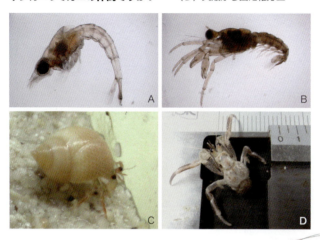

question 7

赤くないアメリカザリガニやサワガニがいますが，どうしてそうなるの？

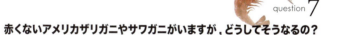

野生型　青色個体　白色個体　色素注入した白色個体

口絵2
　　体色には遺伝的に決まったものがあります。自然界で普通に見られる個体を野生型と呼び，アメリカザリガニは赤系の色をしています（左端）。まれに青色や白色の個体が採集されることがあります（真ん中の2つ）。ザリガニは開放血管系なので，白色個体に黄色い色素を注入すると全身が黄色くなります（右端）。

question 8

体に海藻を付けているカニがいるけど, 何のため?

口絵3
(A) ヒラワタクズガニ
(B) イソクズガニ
(C) モクズセオイ

question 16

エビやカニを食べてアレルギーになることがあるの?

口絵4
ちりめんじゃこにまれに混入している小さなエビ。
(撮影:岡山県農林水産総合センター水産研究所)

question 23

本当のアカエビってどんなエビ？

口絵 5
「アカエビ」と呼ばれているさまざまなエビたち。
（A）ホッコクアカエビ（タラバエビ科）　　　　　　　体長 10 cm
（B）ナミクダヒゲエビ（クダヒゲエビ科）　　　　　　体長 13 cm
（C）カノコイセエビ（イセエビ科）　　　　　　　　　体長 25 cm
（D）アルゼンチンアカエビ（クダヒゲエビ科）　　　　体長 17 cm
（E）トラエビ（クルマエビ科）　　　　　　　　　　　体長　8 cm
（F）アカエビ（クルマエビ科）　　　　　　　　　　　体長　8 cm
（G）シロエビ（クルマエビ科）　　　　　　　　　　　体長　8 cm

question 25

時々魚の口に見られるダンゴムシのような動物は何ですか？

口絵6
(A) エラヌシ属の一種
(B) ウオノコバン
(C) アカムツの口腔内に寄生するソコウオノエ
(D) 海中を遊泳するマンカ幼生

(Bは山田和彦氏（観音崎自然博物館・相模湾海洋生物研究会），
Cは鳥羽水族館提供, DはSaitoほか（2014）より)

question 26
カニとかヤドカリのおなかに付いている袋みたいなものは何ですか？

口絵7
腹部に2個のエキステルナが付着したイソガニ。右下は腹部に現れたバージンエキステルナ。

（撮影：安田明和（有）播磨海洋牧場））

question 27
二枚貝から宝石のようなものが出てきましたが，何でしょうか？

口絵8
ホタテガイの鰓に寄生するホタテエラカザリ。

question 34

干潟のカニは砂や泥を食べているの？

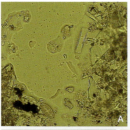
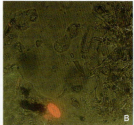

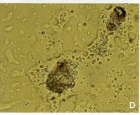

口絵9
(A)(B) 干潟の堆積物中にみられる珪藻
(C)(D) 有機物

光学顕微鏡で見ると生きている珪藻（A下中央の楕円形のもの）と死んだ珪藻（A上中央の長方形のもの）の区別はできませんが，蛍光顕微鏡で見ると生きた珪藻の葉緑素が赤く発色します（B）。

（撮影：小針統）

question 41

口絵10
主なイセエビ類の分布。

イセエビの子どもたちは長い旅をするって本当？

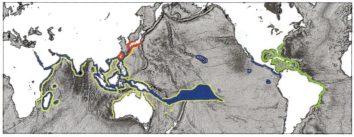

赤：イセエビ
青：シマイセエビ
黄：ニシキエビ・ゴシキエビ・ケブカイセエビ・カノコイセエビ
緑：アメリカイセエビ
（複数の色の重なる場所や囲んでいる場所には、
　それが示すすべての種のイセエビ類が分布します）

口絵11
（A - D）シオマネキ類の雄
（E - H）雌が呼吸水を補給している連続写真

question 38
カニはどうして泡をふくの？

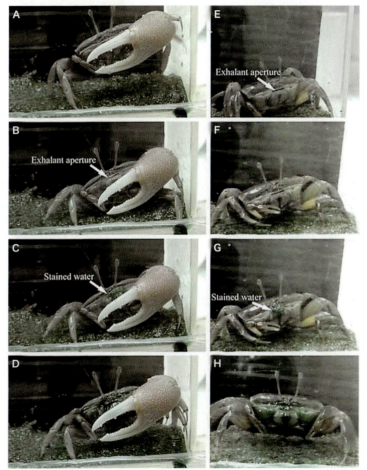

（撮影：松岡卓司）

右下の足の付根から給水した（B, F）緑色に着色した水は，鰓室を通過した後，口から出てきます（C - D, G - H）。

question 44
クワガタムシにそっくりなエビ・カニの仲間がいるというのは本当ですか？

口絵 12　ウミクワガタ類の成体雄。

（A）シカツノウミクワガタ　（B）カレサンゴウミクワガタ　（C）ソメワケウミクワガタ

口絵 13
トゲワレカラの体のつくり。矢印で各部の名称を示します。体色が赤いのは，住んでいた場所が紅藻類の赤い海藻だったためです。数字は何番の胸節か，または何番の胸脚かを示します。白い横線は5mmのスケールです（撮影：伊藤敦）。

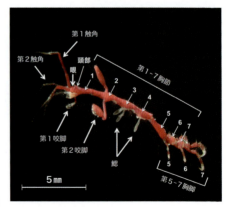

question 48
時々海藻に小さなシャクトリムシみたいなのが付いているのは何？

みんなが知りたいシリーズ⑤
エビ・カニの疑問50

日本甲殻類学会 編

成山堂書店

本書の内容の一部あるいは全部を無断で電子化を含む複写複製（コピー）及び他書への転載は，法律で認められた場合を除いて著作権者及び出版社の権利の侵害となります。成山堂書店は著作権者から上記に係る権利の管理について委託を受けていますので，その場合はあらかじめ成山堂書店（03-3357-5861）に許諾を求めてください。なお，代行業者等の第三者による電子データ化及び電子書籍化は，いかなる場合も認められません。

はしがき

　地球上には非常に多くの動物が棲んでいて，研究の進展とともに，まだまだ数多くの新種が見つかっています。2016 年に発行された無脊椎動物の大きな教科書である Invertebrates（3rd Edition）(Richard C. Brusca, Wendy Moore, Stephen M. Shuster 著）によると，動物の総種数はおよそ 150 万種となっています。このうち節足動物門が 125 万 7000 種で全体の約 82％を占めています。そのなかで一番多いのが昆虫で 80 万種以上が知られていて陸上で大変に繁栄しています。一方海洋においては，全海洋生物のおよそ 20％が甲殻類で，6 万 7000 種以上が知られ，大変に多様性の高い分類群です。つまり地球は，動物の種数からいえば節足動物の星であると言えましょう。
　甲殻類と言うと食卓にのぼるエビやカニ，子どもの頃に遊んだザリガニ，金魚に食べさせるミジンコ，庭にいるダンゴムシなどを思い浮かべるかもしれませんが，大きさ，形態，生息場所，生態などは非常にさまざまです。大半の甲殻類は海洋に棲んでおり海岸から深海まで分布しています。また，川や湖にいるものもいますし，陸上にもいます。他の生物に共生，寄生して暮らしているものもいます。自由に動き回るものもいますし，フジツボのように岩に固着して動かないものもいます。海洋の大半の甲殻類は変態するので，親と子では似ても似つかぬ形をしているものが多く，それらの幼生は，よく食用のシラス干し

のなかにまぎれこんでいます。

　この本では，こうした甲殻類の興味深い特徴を，最新の研究成果をもとに，気鋭の甲殻類学者が執筆しています。この本が甲殻類に対する興味を持つきっかけになれば幸いです。

　なお，この本は編集を日本甲殻類学会が担当しています。この学会は甲殻類学の進歩と普及を図ることを目的として1961年に発足しました。年1回の大会を開き，専門の学術論文を掲載する英文の学会誌"Crustacean Research"，会員相互の意見や情報の交換，和文の研究報告などを掲載する"Cancer"を発行しています。会員は専門の研究者ばかりでなく，アマチュアも多く参加されています。この本を手にとられた方はぜひ，学会員になっていただき，大会に参加されたり，学会誌に投稿されたりすることを希望します。詳しくはホームページ(http://csjwebsite4.webnode.jp/)を参照してください（「日本甲殻類学会」で検索できます）。

平成29年8月

日本甲殻類学会会長
京都大学瀬戸臨海実験所

朝倉　彰

執筆者一覧 (五十音順, ＊は編者)

青木　優和	………	Q48
朝倉　彰	………	Q12/Q28/Q39/Q43/Q50
石田　典子	………	Q16/Q49
大富　潤	………	Q18/Q23/Q32/Q37
加賀谷勝史	………	Q29
加藤　久佳	………	Q15
後藤太一郎	………	Q07
＊小西　光一	………	Q01/Q03/Q17/Q21/Q35/Q47
齋藤　暢宏	………	Q24/Q25
阪地　英男	………	Q40
佐々木　潤	………	Q19/Q20
鈴木　廣志	………	Q05/Q06/Q11/Q30/Q31/Q34/Q36/Q38
高橋　徹	………	Q26
田中　克彦	………	Q44
張　成年	………	Q41
長澤　和也	………	Q27
＊浜崎　活幸	………	Q02/Q22
蛭田　眞一	………	Q45/Q46
蛭田　眞平	………	Q45/Q46
村山　史康	………	Q16/Q49
山内　健生	………	Q25
遊佐　陽一	………	Q42
和田　恵次	………	Q04/Q08/Q09/Q10/Q13/Q14/Q33

目　次

はしがき……………………………… i
執筆者一覧…………………………… iii
目次…………………………………… iv
凡例…………………………………… vii

question 1 …………………… 1
エビやカニの仲間は昆虫やクモとどう違っているの？

question 2 …………………… 4
ヤシガニってカニの仲間ですか？

question 3 …………………… 7
エビやカニの歯はどこにあるの？

question 4 …………………… 9
どうしてシオマネキのハサミは片方だけ大きいの？

question 5 …………………… 12
カニで平たい足をもっている種類がいますが，何のため？

question 6 …………………… 15
モクズガニのハサミの毛は何のためにあるの？

question 7 …………………… 18
赤くないアメリカザリガニやサワガニがいますが，どうしてそうなるの？

question 8 …………………… 21
体に海藻を付けているカニがいるけど，何のため？

question 9 …………………… 23
巣の出入り口を壊されたらカニたちはどうする？

question 10 ………………… 25
カニは横にしか歩かないの？

question 11 ………………… 27
雨とか夏の満潮時になると，カニたちが道ばたに出てくることがあるのはどうして？

question 12 ………………… 31
エビやカニの雄雌がペアで過ごす期間はどれくらい？

question 13 ………………… 34
ダンスをするカニは何のためにやっているの？

question 14 ………………… 37
カニの雌は雄に対して選り好みをするの？

question 15 ………………… 40
カニと恐竜では，地球上に現れたのはどちらが先？

question 16 ……………43
エビやカニを食べてアレルギーになることがあるの？

question 17 ……………47
イセエビが獲れるのは伊勢だけじゃないのに，どうして伊勢海老？

question 18 ……………50
深い海底や寒い海にはおいしいエビがいるって本当？

question 19 ……………54
カニの味噌はあるけど，タラバガニの味噌もあるの？

question 20 ……………56
エビやカニの血管や血液ってどんなもの？

question 21 ……………59
カニやエビの精子にはしっぽがないって本当ですか？

question 22 ……………62
養殖されているエビやカニはどれくらいいるの？

question 23 ……………65
本当のアカエビってどんなエビ？

question 24 ……………68
クラゲとかウミタルにエビのようなのがいっしょにいましたが，何ですか？

question 25 ……………71
時々魚の口に見られるダンゴムシのような動物は何ですか？

question 26 ……………74
カニとかヤドカリのおなかに付いている袋みたいなものは何ですか？

question 27 ……………78
二枚貝から宝石のようなものが出てきましたが，何でしょうか？

question 28 ……………81
ハチやアリのような社会性のエビ・カニの仲間はいますか？

question 29 ……………84
なぜシャコは水中ですごいパンチを繰り出せるの？

question 30 ……………87
熱いところでも平気な，温泉好きのエビやカニっているの？

question 31 ……………90
エビがハサミを殻のなかに入れていることがありますが，どうして？

question 32 ……………93
エビやカニってどこに卵を産むの？

question 33 ……………97
子守りをするエビやカニっていますか？

question 34 ……………100
干潟のカニは砂や泥を食べているの？

目次　v

question 35 ……………… 103
エビやカニは音や味とかを感じるの？

question 36 ……………… 107
エビ・カニの仲間はどうやって呼吸していますか？

question 37 ……………… 110
海底に潜ったままで呼吸ができるエビがいるって本当？

question 38 ……………… 114
カニはどうして泡をふくの？

question 39 ……………… 117
ゴジラなどの怪獣の名前がついているエビ・カニの仲間がいるというのは本当ですか？

question 40 ……………… 120
エビやカニの成長や年齢とか産卵期はどうやって調べるの？

question 41 ……………… 123
イセエビの子どもたちは長い旅をするって本当？

question 42 ……………… 127
フジツボは岩などに付いていて動けませんが，どうやって子孫をふやしているのですか？

question 43 ……………… 130
ヤドカリのおしりはなぜ右に曲がっているの？

question 44 ……………… 134
クワガタムシにそっくりなエビ・カニの仲間がいるというのは本当ですか？

question 45 ……………… 137
田んぼに時々見られる小さなエビみたいな生き物は何ですか？

question 46 ……………… 141
二枚貝のようなエビがいるって本当ですか？

question 47 ……………… 145
エビやカニの仲間の，いろいろなナンバーワンを教えて？

question 48 ……………… 148
時々海藻に小さなシャクトリムシみたいなのが付いているのは何？

question 49 ……………… 152
エビ・カニの上手な茹で方や解凍のやり方は？

question 50 ……………… 156
エビ・カニの仲間についてもっと勉強したいけど，どうしたらいいですか？

参考文献および画像等出典リスト
……………………………… 159
協力者・協力機関一覧……… 163
索引……………………………… 164
執筆者略歴…………………… 170

凡　例

- 本文中での種の表記は，原則カタカナの和名とし，学名を知っておいた方がよい種は巻末の和名・学名一覧表に示し，かつ本文中では斜字体（イタリック）とした。
- 専門用語として巻末の索引に入れられている語句は，本文中で斜字体（イタリック）表示とした。
- 他のタイトルと関連する部分には，（　）内にそのタイトルの番号を入れた。
- 参考文献および出典情報については，まとめて巻末の文献一覧表で各タイトル別に示した。

エビやカニの仲間は昆虫やクモとどう違っているの？

question 1

 小西 光一

　ひと言でいえば，ヒゲ（触角）が2対あり，脚が2叉に分かれることです。

　エビ，カニやヤドカリは，分類学上は*十脚目*という，その名の通り，胸部にある，歩いたり泳いだりするのに使われる脚が5対，つまり10本あるグループです。十脚目はフジツボやミジンコ，ダンゴムシなどとともに*甲殻綱*というグループにまとめられています。さらに甲殻綱は，昆虫，クモ，ダニ，ムカデ，それに生きている化石と呼ばれるカブトガニなどとともに，*節足動物門*という大きなグループにまとめられます。これら節足動物の体は外骨格で，多数の体節からできています。それぞれの体節からは1対の脚が出ており，これらは*付属肢*と呼ばれます。「節足」という名が示す通り，それぞれの肢（足，脚）はいくつかの節に分かれます。

　節足動物は「どの体節にどのような付属肢があるのか？」ということを基本にして分類されます。この考え方に基づき，上記のグループ間で，体のつくりの大まかな違いを表1-1と図1-1にまとめてみました。これらのグループのなかで，口の部分に大顎と呼ばれる，脚が変形した1対の牙のようなものをもつのが昆虫やムカデ，それに甲殻類です。クモやダニは大顎をもっていませんし，また複眼もありません。次に頭部の前方，体の先端にヒゲ，つまり触角があるのですが，これが昆虫やムカデでは1対なのに対し，甲殻類では第1，第2触角の2対があります。さらに甲殻類では付属肢が2叉に分かれており，内側を*内肢*，外側を*外肢*と呼びます。これら2点が節足動物門の他のグループと区別できる決定的な違いです。なお，クモや

ダニなどの蛛形綱,およびカブトガニが属する剣尾綱では体の先端の肢はハサミ状の脚となっていて,鋏角と呼ばれます。

表1-1 節足動物の主なグループとそれらの違い。

	エビ・カニ (甲殻綱)	昆虫 (昆虫綱)	ムカデ (多足綱)	クモ (蛛形綱)	ダニ (蛛形綱)	カブトガニ (剣尾綱)
複眼	あり	あり	あり	なし	なし	あり
触角	2対	1対	1対	なし(鋏角)	なし(鋏角)	なし(鋏角)
大顎	あり	あり	あり	なし	なし	なし
脚の分岐	あり	なし	なし	なし	なし	なし
呼吸	鰓	気管	気管	書肺	気管	書鰓
主な生息場所	水中	陸上	陸上	陸上	陸上	水中

　ついでにザリガニ類を例に,もう少し甲殻綱の体と脚との関係を詳しくみると,甲らで覆われている頭胸部には13対,腹部に6対の付属肢があります。頭部では複眼の前方に2対の触角,口のまわりに大顎と2対の小顎があり,それに続いて3対の顎脚と5対を歩脚と呼びます。腹部には5対の腹肢と,後端に尾肢があります。内肢は基本的に7つの節からできていて,根元から先端に向かって順に,底節→基節→座節→長節→腕節→前節→指節と呼びます。外肢はこれほど節の数は多くありませんし,さらに根元に副肢が出ている場合もあります。成体のエビ・カニ類でまず目につく歩脚は一見,2叉ではありませんが,たとえばザリガニ類ならば触角や顎脚など,他の付属肢を見れば,分岐しているようすがよくわかります。

　甲殻類を大きさで見ると,小さいものでは1mmもないミジ

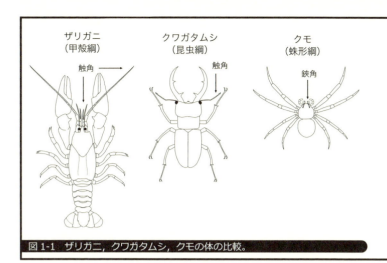

図1-1 ザリガニ，クワガタムシ，クモの体の比較。

ンコから，手足を伸ばせば数mにもなるタカアシガニまでとても幅が広いです Q48参照 。また，その姿でもフクロムシのように，ちょっと見ただけでは何の動物門なのかわからない種類もあり Q26,Q27参照 ，節足動物のなかでは最も多様性に富んでいると言えます。現在，数の上では地球上で最も繁栄しているのは昆虫ですが，主な生活圏はほぼ陸地に限られています。これに対し，海洋や湖沼を中心に栄えているのが甲殻類なのです。いわば，陸上の覇者が昆虫ならば，甲殻類は水界の覇者と言ってよいでしょう。

ヤシガニってカニの仲間ですか？

question 2

Answerer　浜崎 活幸

　ヤシガニは，ぱっと見た印象ではカニに見えますが（図2-1A），陸に棲むオカヤドカリの仲間です。オカヤドカリ類は一生にわたって貝殻に入って生活していますが（図2-2），ふだん私たちが目にするヤシガニは貝殻を背負っていません。しかし，ヤシガニも小さいうちは，貝殻に入って生活しているのです。ヤシガニが生まれてから死ぬまでの一生を見てみましょう。

　ヤシガニは亜熱帯から熱帯の島々に生息しています。日本では，宮古島，石垣島，西表島などの先島諸島に多く見られます。とくに，石灰岩の発達した岩礁地帯に多く生息し，昼間は岩礁の裂け目や海岸林内の穴に潜んでおり，夜な夜な活動します。繁殖期は夏で，雌は陸上で産卵し，卵をお腹の毛にくっつけてふ化まで保護します（図2-1B）。産卵後1ヶ月ほどしてふ化が近づくと，雌は夜間に海岸で卵が付着したお腹を海水につけて，幼生をふ化させます。ふ化した後の天然での生活はよくわかっていませんが，飼育環境下で行われた研究から推察すると，以下のような生活を送っているものと考えられています。ふ化した幼生はゾエアと呼ばれ，しばらく外海でプランクトン生活を送ります（口絵1A）。ゾエアは，20日ほど経つと，メガロパへ脱皮・変態します（口絵1B）。メガロパはハサミと泳ぐための肢が発達しており，島の海岸を目指し，夜の上げ潮時に活発に泳ぎ，昼間の下げ潮時には沖に流されないように，海底付近にとどまります。メガロパになって2〜3日経つと，貝殻に対する興味が強くなり，ハサミを使って貝殻をつかんだり，貝の入り口の大きさを調べたりする行動が活発になります。メガ

図 2-1 ヤシガニ (A) と抱卵雌 (B)。

図 2-2 ムラサキオカヤドカリ。

ロパになって5日ほど経つと,ふつうのヤドカリと同じように貝殻に入り,歩けるようになり,10日ほど経つと,貝殻を背負ったまま上陸し,陸上での生活を始めます(口絵1C)。陸上では,湿度が高く保たれた岩などの下に隠れていることが多く,乾燥から身を守っているようです。

さて,ヤドカリのように貝殻に入って上陸し,陸上生活を始めたヤシガニですが,いつ頃貝殻から出て生活するようになるのでしょうか。これも飼育研究によると,かなり幅がありますが,1〜2年ほどで貝殻から出るようです(口絵1D)。野外において,貝殻から出た小型のヤシガニは,夜間に目撃することがありますが,貝殻に入ったヤシガニを見かけることはめったにありません。一生貝殻に入って生活をおくるオカヤドカリ類はふつうに見ることができるので,貝殻に入って生活しているヤシガニの方が乾燥に弱く,隠れ家から外に出てこないことによるのかもしれません。

ヤドカリは貝殻に依存して生活しているので,成長するためには,大きな貝殻に引っ越す必要があります。貝殻から出たヤシガニには,そのような心配はありません。そのために,ヤシガニはオカヤドカリ類よりも大きく,人間の手のひらを大きく超えるまでに成長できるようになったのです。しかし,その成長は遅く,沖縄の個体群では寿命が50歳と推定されています。成長が遅く寿命が長い生物ほど,人間による乱獲によって絶滅する確率が高くなります。そのような生物は,大切に保護したいものです。

エビやカニの歯はどこにあるの？

question 3

Answerer 小西 光一

　ひと言でいえば2ヶ所あります。エビやカニにはヒトでいえば口にあたる，口郭と呼ばれる部分に，付属肢が変形した*顎脚*と*小顎・大顎*があって，食物はこれらによって嚙み砕かれたり引きちぎられたりするのですが，これで完了ではありません。胃に送られてからもさらに咀嚼(そしゃく)されるのです。

　エビ・カニの胃は大きく前半の*噴門部*と後半の*幽門部*に分かれ，噴門部の内面に*胃歯*(いし) (gastric teeth) あるいは*胃臼*(いきゅう) (gastric mill) と呼ばれる，硬い突起構造があります。いわば，2段がまえの歯といってもよいでしょう。胃歯は*中央歯*と一対の*側歯*からできています。どちらの歯も基本的には，ゾウの臼歯のように横方向にたくさんの稜突起が平行に並んだ形をしています。これらの歯を支えるキチン質の部分が，これは脊椎動物の骨とは意味が違いますが，小骨と呼ばれています。これら小骨にはそれぞれ太い横紋筋がつながっていて動き，複雑な咀嚼運動ができるわけです。食物は入り口の顎脚と大顎によってある程度まで砕かれてから食道を通り，胃歯のある噴門部に入ります（図3-1A）。

　さて，歯の動き方には大きく2つあり（図3-1B），1つは中央歯に向かって側歯が横方向に動いて嚙む動作，もう1つは中央歯を両側歯がくっついた状態で前後にこする，いわばすり下ろすような動作です。これら実際の動きは小さな胃カメラで観察することにより，最近はっきりわかってきました。このような咀嚼運動によって食物はさらに細かく砕かれ，後方の幽門部に送られます。そこには一種のフィルターのような構造があって細かいものだけが選別され，消化管に送られます。なお，

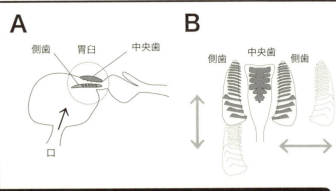

図3-1 エビ・カニの胃の模式図。A. 胃の側面図, B. 2種類の胃歯とその動きを模式的に示したもの。

3 エビやカニの歯はどこにあるの？

　エビ・カニの食べ物，つまりその種が動物性か植物性かによって入り口にあたる顎脚の形も違いますが，次に控えている胃歯もこれに対応した形になっていることが知られています。

　エビ・カニはふつう卵からノープリウスとかゾエアと呼ばれる，親とは違った形で生まれ，プランクトンとして成長しますが，この期間，親では餌を食べる道具である顎脚は泳ぐための足として使われており，もっぱら第1の入り口は小顎・大顎のみとなります。顎脚とともに本格的に胃歯が発達した胃になるのはふつうゾエアよりも後の時期です。ちなみに，エビ・カニは節足動物ですので，脱皮しながら成長していくのですが，この脱皮するときは胃を含めた内臓も脱皮します。脱皮殻を観察すると，この胃歯の部分は他より分厚くて硬いので，すぐにわかります。いずれにしても，エビやカニはヒトよりずっと複雑なつくりの胃を持っているのです。

どうしてシオマネキの
ハサミは片方だけ
大きいの？

question 4

Answerer　和田 恵次

　カニ類のハサミは，左右がほぼ同サイズというのが多いのですが，シオマネキ類では，雄のハサミの片方が巨大化するという特徴をもっています（図4-1）。巨大化した方のハサミ脚は，じつに体重の40％近くもの重量をもつのに対し，片方のハサミ脚は極端に小さくなっています。

　ハサミの用途のひとつに食事がありますが，シオマネキ類の雄では，大きい方のハサミで餌を摂ることはできず，もっぱら小さい方のハサミで餌を摂っています。では餌を摂るハサミが2つの雌は，餌を摂るハサミがひとつだけの雄に比べ2倍の餌を摂っているのでしょうか。ハサミを口に運ぶ行動の回数を雌雄間で比較したところ，やはり単位時間当たりの回数は雌の方が雄よりも多かったのですが，その回数は必ずしも2倍にはならず，雌は雄の約1.5倍の回数になっていたとされています。ということは，ひとつのハサミを口に運ぶ速さは雌よりも雄の方が速いことになります。それでも餌を摂る回数は雌の方が多いので実際に口に入れている餌（砂泥）の量は雌の方が雄よりも大きいと思えます。しかし口に取り入れている餌を量にすると，ほとんど雌雄間で差がないことがわかっています。その理由は餌を摂るハサミの雌雄差にあります。餌摂り専用のハサミのサイズを雌雄間で比較すると，雄の方がやや大きいのです。結果として，ハサミで1回すくって取れる砂泥量は，雌よりも雄の方が多くなります。雄は餌を口に運ぶ回数のハンデを，ハサミのサイズを大きくして補っているといえます。

　それはでは大きい方のハサミは何に使われているのでしょうか。ひとつは雄同士のけんかです。巨大ハサミで押し合ったり，

4 どうしてシオマネキのハサミは片方だけ大きいの？

つかみ合ったりします。ときには外敵に対する防衛にも巨大ハサミ脚を拡げて抵抗します。もうひとつは雌への求愛です。巨大ハサミ脚を上下あるいは側方に振り回して雌に求愛するのです。生きるために一番大事な餌取りは片方の小さいハサミに任せ，けんかと求愛だけに特化したのが巨大ハサミ脚なのです。

　ではこの巨大ハサミ脚はどのようにしてできあがるのでしょうか。最も小さい稚ガニでは，ハサミ脚は両方とも小さいままですが，成長の途上で片方が自然と捥げてしまいます。そうすると残った方のハサミ脚が巨大化し，新たに再生してきたハサミ脚は小さいタイプになります。捥げるのは左右どちらにも偏りはないようで，そのため成体雄のハサミ脚の左右性を調べると，ほとんどの種で右利きと左利きがほぼ1対1になります。ただし例外もあって，ヒメシオマネキやルリマダラシオマネキ（図4-2）では，ほとんどが右利きです。

　では一旦巨大化したハサミが外敵に襲われたりして捥げた場合は，その後どうなるのでしょう。捥げた後には巨大化した再生ハサミが形成されます。再生ハサミはもとのハサミに比べて形がやや細見で，はさむ力ももとのハサミよりも弱いようです。そのため，雄同士のけんかでは不利ですが，雌と番う能力はもとのハサミ脚と変わらないとされています。

　巨大ハサミ脚は外敵に対し，目立ちやすいという不利な面と，捕食者にとって食べにくいという有利な面があります。実際に雄と雌のどちらが鳥に捕食されやすいかを調べた研究によれば，雄がよく捕えられている場合と逆に雌がよく捕えられている場合があります。

図 4-1　シオマネキの雄と雌。

図 4-2　ルリマダラシオマネキ。

カニで平たい足をもっている種類がいますが，何のため？

question 5

Answerer　鈴木　廣志

　答えは「泳ぐため」と「砂に潜るため」です。
　カニの足といえば，先の尖ったツメを持った棒のような形を思い浮かべると思います。しかし，一部のカニたちの足は平たくなっています。よく知られているのがガザミ（またはワタリガニ）の仲間で，その他にアサヒガニやビワガニ，そしてキンセンガニの仲間やオオヒライソガニなどがいます。これらのカニたちでは一部の足，あるいはハサミを除くすべての足が平たくなっています。これら平たくなった足には2つの用途があるようです。
　ガザミの仲間では，最後の1対の足だけ，その先端の節（*指節*と呼びます）と次の節（*前節*と呼びます）がオールのように楕円形で，平たくなっています（図5-1）。その他の足はほかのカニたちと同じく棒状です。また，モクズガニの仲間のオオヒライソガニでは，ガザミの仲間ほど幅広くはありませんが，その代わりに長い毛が密に生えています（図5-2）。ハサミ以外の足で同じように長い毛が生えています。
　ガザミの仲間は最後の足をオールや櫓のように使って泳ぐのです。ゆっくり泳ぐときは左右の足を開いた状態で，煽るようにして泳ぎます。泳ぐというよりはホバリングしていると言った方がいいかもしれません。反面，逃げるときなど速く泳ぐときには，それこそ和船の櫓のように最後の足を使って泳ぎます。つまり，泳ぐ方向と反対側に左右の足を伸ばして，櫓をこぐように八の字を書くように泳ぎます。そのときハサミは泳ぐ方向に向けます。映画のスーパーマンが飛んでいる姿を想像してください。オオヒライソガニはガザミの仲間とは少し違って，泳

図 5-1 ガザミの仲間のミナミベニツケガニおよびシマイシガニ（左上枠内）。

図 5-2 ガザミの仲間とは違う形の足を持っているオオヒライソガニ，キンセンガニ（右上）およびアサヒガニ（右下）。

ぐというよりも滑るように歩くといった方がよいような泳ぎ方をします。川床や沿岸の海底近くを滑空するように移動するようです。

　一方，アサヒガニの仲間はハサミも含めすべての足が平たくなっており，キンセンガニの仲間ではハサミを除いたすべてが

平たくなっています（図5-2）。ただ，アサヒガニに近いビワガニの仲間ではガザミの仲間と同じように最後の1対の足だけが平たくなっています。彼らの足で共通しているのは，先端の節（*指節*）の形が外側に反った三角形，ちょっと幅のある三日月状をしていることです。ただ，自然界では例外がつきもので，キンセンガニの仲間の最後の1対ではガザミの仲間と同じように楕円形をしています。

　彼らはこの三日月状の足を主に砂に潜るために使っているようです。アサヒガニが砂に潜るときは，まず頭を持ち上げて，お尻が砂地に斜めに入るような状態にします。そして，左右の足をすばやく動かし，海底の砂を後ろから前にかき出すようにして，お尻から潜り込んでいきます。このとき三日月状の足はまるでスコップのようにうまく砂をかき出します。アサヒガニの体を見ても，お尻側が細く尖ってかつ平べったいクサビ形になっています。この形ですと，お尻から潜るのにはとても便利に思われます。一方，キンセンガニの潜り方はアサヒガニと少し違って，砂地にペタッと這いつくばったら，足やハサミ足をバタバタと動かして体に砂をかぶせるような感じで潜っていきます。

　とはいえ，アサヒガニの仲間もキンセンガニの仲間も歩くのが苦手かというとそうではありません。アサヒガニは三日月状の足を使って，まるでバレリーナがつま先立つように砂地の上に立ち，とてもスムーズに海底を滑るように早く前進します。カニたちは，自分らの生活の仕方に自分らの形をうまく合わせているのですね。

5　カニで平たい足をもっている種類がいますが，何のため？

モクズガニのハサミの毛は何のためにあるの？

question 6

Answerer　鈴木　廣志

　答えは「まだわかっていません」というのが正直なところです。

　以前は，モクズガニの仲間のハサミの毛は「自分の強さ，健康さを誇示するため」とか，「食べ物がなくなったときに毛の間に付着している珪藻を食べるため」とかいわれていたこともありました。しかし，現在ではそれらも疑問視されています。

　モクズガニの仲間のハサミにある毛が女性の防寒用手袋に見えるので，英語ではモクズガニのことをミトンクラブといっています（図6-1）。大きくなればなるほど量も多くなり，雄と雌で比較すると雄の方が多くてフサフサしています（図6-2）。また，同じ雄でも小さいときには毛の量も少なく，大きくなるにつれて毛で覆われる面積も増え，生える毛の密度も高くなっていきます。川でフサフサの毛を蓄えた大きなモクズガニに会ったらちょっと威圧されてしまいます。

　ところで，鳥類や魚類の研究では体色や行動の良し悪しとその個体の生理状態とが密接に関係しているということがわかってきました。たとえばクジャクで，色も形もきれいな尾羽を持っている雄と，色や形に欠点のある尾羽を持っている雄とでは，病気に対する耐性に差がある，あるいは，寄生虫がいる雄では色や形に欠点があることがわかってきました。また，巣作りの上手なイトヨやトゲウオとそうでないものとでは，やはり生理的にいい状態の雄は巣作りが上手だということもわかってきました。

　モクズガニでは，まだ，しっかりした形態と生理状態との関係についての研究はされていませんが，見た目が健康そうで，

かつハサミや足に欠損や奇形などがない個体では、ハサミにある毛はフサフサと豊富で、とても広い範囲に生えている印象があります。また、ヒメケフサイソガニでは、ハサミの毛が雄同士の争いで優位に働き雌に選ばれるのに役立つという報告もあります。これらのことを考え合わせると、以前にいわれていた「自分の強さ、健康さを誇示するため」というのもあながち間違いではないかもしれません。ただ、これを確実にするためには行動学的な評価だけではなく、選ばれた雄の環境要因に対する生理活性や耐性あるいは寄生虫の罹患率などの生理学的、病理学的研究が必要と考えます。

一方、モクズガニもカニの仲間ですから、大きくなるためには脱皮をしなければなりません。脱皮をする際、ハサミの毛も一本一本抜けます。観察できる機会はとても少ないですが、脱皮直後のハサミの毛を見ると、半透明の乳白色の色合いを示しています。そして、2〜3日も経つとこの毛は茶色、あるいは焦げ茶色になってきて、顕微鏡で観察するとそこには珪藻が繁茂しているのがわかります。また、モクズガニの胃のなかを観察した人によると、まれにハサミの毛と一緒に珪藻も観察されるといいます。ただ、その量はそんなに多くはないので、積極的に食べたのか、偶然食べたのかは不明です。したがって、食べ物がなくなったときの非常食というような解釈はやはり難しいでしょう。

モクズガニの仲間以外でもハサミに毛の房を持つカニは何種かいます。ケフサイソガニやヒライソモドキ属のカニたちもハサミの付け根や外側に毛の房を蓄えます（図6-3）。これらの

図6-1 成熟したモクズガニの雄。

図6-2 モクズガニの雄(上)と雌(下)の腹面。ハサミの毛の量や生え方が大きく違います。

図6-3 モクズガニと違い、ハサミの外側だけに毛が生えているタイワンヒライソモドキ。

毛がどのような役割を持っているのかもまだわかっていません。おもしろいアイデアがひらめいたら、実験してみるのもいいのではないでしょうか。

赤くないアメリカザリガニやサワガニがいますが，どうしてそうなるの？

question 7

Answerer 後藤 太一郎

アメリカザリガニの一般的な体色は赤色から褐色です。この色は，体表にある*色素細胞*に含まれる色素顆粒の成分によります。色素細胞を顕微鏡で観察すると，樹状に広がった形をしています。色は黒っぽく見えますが，顕微鏡観察の際に上から光を当ててみると，実際には黒っぽいのだけでなく，赤や白く見えるものがあることがわかります（図7-1）。

この赤っぽい色素について説明します。自然界における黄色や赤色などのもととなる代表的な色素にカロテノイドという物質があり，およそ750種もあることが知られています。ザリガニなどの甲殻類に含まれているカロテノイドのほとんどはアスタキサンチンと呼ばれる色素です。これは甲殻類の体のなかで作られるのですが，その材料としてカロテンという色素が必要です。カロテンは植物によって作られ，動物の体では作ることができません。つまり，ザリガニなどの甲殻類は，餌としている植物に含まれているカロテンを体にためて，体内でアスタキサンチンを作ることになります。

ザリガニにカロテンを含まない動物性の餌だけを与えて飼育すると，体色は赤色から青色へ，そして青色から白色へと変化していくことが知られています。赤くないアメリカザリガニが見られる一つの原因としては，食べた餌の成分によることがあげられます。

アメリカザリガニには，与える餌に関わらず，青色や白色，橙色，黒色などのさまざまな体色の個体が存在します。これは遺伝的に決まったものです。アスタキサンチンは細胞のなかでタンパク質と結合しており，結合するタンパク質によって，赤，

体の色のもととなる色素胞

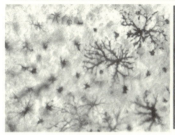

下からの照明で観察　　　　　　　　上からの照明で観察

図7-1　野生型のアメリカザリガニには、赤色素胞と白色素胞があります。白色素胞は、下からの光では黒く見えますが、上からの光では反射するので白く見えます。

橙、青、紫、あるいは黒っぽくなります。いろいろな色があるのは、遺伝的に異なるタンパク質があるからです。たとえば、青いザリガニは、アスタキサンチンと結合すると青くなるタンパク質だけを持っているためです。タンパク質は熱で変性するので、青いザリガニでも茹でると赤くなります。食用にするエビやカニにはいろいろな色がありますが、茹でたらほとんどすべてが赤いのと同じです。

また、遺伝的に体の色素のない白色のザリガニも見られます。これはアルビノ（白色個体）と呼ばれ、多くの動物で見られます（口絵2）。アメリカザリガニの場合は真っ白ですが、サワガニなどでは、青っぽい個体が多いようです。これは、体のなかでアスタキサンチンを作ることができないためと考えられます。哺乳類などのアルビノは目の色素もなくなりますが、ザリガニでは目の黒い色素は残っています。これはオモクロームという色素で、昆虫などと同じように複眼に存在するものです。

アメリカザリガニのアルビノを使うと、ザリガニの体色に関

病気によりメラニン色素が沈着してきます。これは黒点病と呼ばれます。　甲殻の一部を少し削ると，数日後にはメラニン色素が沈着してきます。

図 7-2　体の防御による色素沈着。

する他の要因を知ることができます。一つは，体のなかで溶けやすい人工色素を注射することで，体が着色されます（口絵2）。甲殻類の循環系は*開放血管系*であるため，体のなかに取り込まれた色素は体全身に広がるからです。もう一つは，病気や傷などで，殻の一部が茶色や黒くなる場合があります（図 7-2）。病気の場合は黒点病と呼ばれます。実験的に殻の一部を傷つけると，数日後には茶色くなります（図 7-2）。これはメラニン色素が集まったためで，傷口を防御するための反応です。病気の場合も，殻の一部に水中の菌が入り込んだ場合の防御反応と考えられます。

　このように，体の色にはさまざまなしくみがあります。

体に海藻を付けている カニがいるけど, 何のため?

question 8

Answerer 和田 恵次

　体表に海藻を付けるカニは，主にクモガニ上科の種です。世界最大のカニ，タカアシガニや冬の日本海の幸，ズワイガニもクモガニ類になりますが，これらの種は海藻を体に付けることはありません。磯でふつうに見られるのは，ヨツハモガニ，イソクズガニ（口絵3B），ヒラワタクズガニ（口絵3A）などで，いずれも体表にたくさんの海藻を付けています。彼らの体表には，かぎ状の剛毛が随所に生えており，そこに海藻の破片を，ハサミ脚を使って付けていきます。興味深いのは，海藻片を甲らに付ける前に口器に通す行為があることです。接着剤となるものを海藻片に付けているのかはわかりませんが，そうして付けられた海藻片は結構はがれることなく体表に付いています。なかには付けた海藻片が成長することもあるようです。

　付ける海藻種は，クモガニ類の種によって違いがありますが，基本的には棲み場所に多く生えている種を好む傾向があります。イソクズガニやヒラワタクズガニは，緑藻のアオモグサや石灰紅藻のピリヒバを好むのに対し，ヨツハモガニは褐藻のイソモクを好みます。なかには，魚類等の捕食者がきらう化学物質をもった海藻種をとくに好む種もいます。外敵に対する体表武装と言えます。海藻で体を覆えば，外敵から見つかりにくいという効果が期待できますが，その海藻が外敵のきらうものなら，被食回避の効果は大きくなるでしょう。

　クモガニ上科の種によっては，海藻だけでなく，カイメン，コケムシ，群体ボヤといった付着性の動物を体に付けるものもいます。潮下帯が主な生息場所のツノガニは，海藻よりもヒドロゾア，カイメン，コケムシ，群体ボヤを甲面と歩脚に付けて

います。モクズセオイという種は，その名の通り，体全面にカイメン，海藻，それにゴミまでを付けていて，カニの体にはまったく見えなくなっています（口絵3C）。

カニは脱皮をすると，古い殻に付けた海藻等も失われることになりますが，脱皮後は新たにまた体を覆うものを付ける作業があるのでしょうか。ツノガニでは脱皮直後のカニの体表装備作業が観察されています。その作業は2時間から4時間半ほどかけて行われるようです。地中海にいる *Inachus phalangium* という種では，脱皮後，古い殻に付けていたものを再利用することがあります。

イソクズガニを使い，体表から海藻を取り除いて野外に放すと，外敵に被食される割合が高くなることがわかりました。さらにイソクズガニの体表から海藻を取り除くと，すぐに海藻を体に付けますが，そこに捕食者をもってくると付ける海藻の量が際立って多くなることもわかっています。海藻を体に付けるのは，捕食者から身を守るためであることが，これらの実験からわかります。一般に小さい個体ほど多くの海藻を付けるという特徴がみられますが，それは小さい個体ほど捕食される可能性が高いためだと考えられます。

なお，彼らは棲み場所に生えている海藻を餌にもしていますが，それは棲み場所に生えているのをつまんで食べるのがふつうで，体に付けた海藻を餌にすることはあまりありません。餌にすれば体の覆いが減るため保護効果が薄れるので当然のことでしょう。

巣の出入り口を壊されたら
カニたちはどうする？

question 9

Answerer　和田 恵次

　砂浜や干潟に生息するカニ類は，そこに巣穴を掘って自分の隠れ家にしています。巣穴は外敵から身を守るだけでなく，鰓呼吸のための水分補給や，ときには雌雄が交尾したり，雌が卵を抱くのにも使われます。潮が引いている間は地上活動をするので巣穴口は開いていますが，潮が満ちる頃になると，周囲の砂や泥を掻き集め，巣穴内に入りながらその砂泥で巣穴口をきれいにふさぎます。こうして棲み場所が冠水している間は，カニたちは巣穴のなかで過ごします。次に潮が引くと，カニたちは巣穴から出てきますが，巣穴が冠水時に一部壊れているところがある場合，それを補修する作業，つまり巣穴内での掘り返しと，掘り返した砂泥の掃出しを行います。巣穴の形状は種によって異なっていますが，外界との出口は通常1つだけです。

　この巣穴口が壊されたカニたちはどうするかというと，当然，巣穴口を再構築するように働きます。しかしすぐに反応するのでなく，しばらくしてから掘り返す作業を始めます。警戒するためでしょうが，この特性を利用した「いやがらせ」がチゴガニで知られています。隣のカニの巣穴口を泥でふさぐという行為（図9-1）です。隣のカニとのいざこざが続くと，その途中で相手が自分の巣穴に逃げ込むように何度か攻撃をかけます。相手が巣穴内に逃げ込むと，その巣穴口まで近づき，近辺の砂泥を掻き集め，それでその巣穴口をふさいでしまうのです。巣穴口をふさがれたカニは，ふさがれた後，警戒してしばらくは出てこなくなります。ときには1時間以上経っても出てこないことがあります。ふさいだ方のカニは，自分の近くからじゃまな近隣個体がしばらくはいなくなるので，それに関わることな

図9-1　チゴガニの巣穴ふさぎ行動。

く地上で活動することができます。さらに興味深いのは，ふさがれた方の個体が，その後巣穴口を開けて地上活動を開始するとき，その活動場所がふさいだ方の個体のいる方向を避けるようになるということです。いじわるをした個体のことを記憶しており，それと関わることがないように自分の活動場所を偏らせているといえます。

　巣穴ふさぎは，人の手でも同様の効果を見ることができます。砂泥で巣穴をふさいでやると，しばらくは出てきません。しかし数十分もするとふさがれた砂泥を掻き出して出てきます。では巣穴口を石などの堅いものでふさいでやったら彼らはどのように反応するでしょう。まず巣穴の下から堅い障害物を退けようとするのですが，それができないと障害物のないところから口を開けて出てきます。小さなカニでも臨機応変な対応をしているといえます。では巣穴をふさがれてもまた出てくるカニに対して，何度も巣穴ふさぎをくり返すとどうなるでしょう。くり返し妨害を受けたそのカニは，ついには自分で巣穴をふさいでしまうようになります。巣穴のなかから砂泥を持ち上げてきて下から蓋をするのです。もはや地上活動はあきらめたのですね。

カニは横にしか歩かないの？

question 10

Answerer 和田 恵次

　多くのカニは，体の前後軸に対して垂直方向に動く，つまり横に歩くのがふつうです。これは歩行用の脚が側方向に関節しているためです。アメリカザリガニやイセエビといったエビ類が前後方向に歩くのと対照的です。しかし横歩きのカニは，まったく横にしか歩けないかというとそういうことはありません。前後方向はありませんが，斜め方向に歩くことも見られます。

　一方，前後方向に歩くのを基本としているカニもいます。カイカムリ類，アサヒガニ類，クモガニ類などです。干潟に群生して集団で移動するミナミコメツキガニも前向きに歩いて移動します。歩行用の脚の関節の構造だけでなく，脚そのものの付き方や，本体の甲の形状にも横歩きと縦歩きのカニの違いを見ることができます。縦歩きのカニの甲は前後に長く，前方に向かって細くなるのに対し，横歩きのカニの甲は側方に長い特徴が見られます。縦歩きのカニでは，この甲の形状に沿って脚が斜め方向に並び，前後移動のじゃまにならないようになっています。これに対して横歩きのカニでは，脚はほぼ同列に並ぶようになり，前後に動かそうとすれば互いにじゃまになるようになっています。

　脚を使った移動の速さは，横歩きのカニの方が縦歩きのカニよりも速く，なかでも砂浜を走り回るスナガニ属の種（図10-1）の瞬発の移動速度は，秒速1.4～4 mともいわれており，おそらくエビ・カニ類のなかでは最速の動きをするものと思われます。彼らの動きは，方向転換も俊敏で，彼らを捕まえようとすると，移動方向を急変させて巧みに逃げます。動きが俊敏なカニとしては，波当たりの強い岩礁で走り回るショウ

図10-1　砂浜のカニ，ツノメガニ。

ジンガニやトゲアシガニもあげられます。他に，中南米でマングローブ植物の樹上に棲み着くイワガニ上科ベンケイガニ科の *Aratus pisonii* というカニも，樹上をくるっと回って逃げる速さは，一瞬消えたかと思えるほどです。

　マングローブ樹上を登ることがあるカニ類では，樹上を登るときも降りるときも前向きに動きます。しかし，なかには登るときだけは後ろ向きになるものが知られています。中南米にいるイワガニ科の *Goniopsis cruentata* という種です。また，カニ類ではありませんが，転石海岸でよく見る異尾類のカニダマシ類は，後方への動きが基本で，石をひっくり返すと，そそくさと後ろ向きに動いて逃げ回るのが見られます。

　水中が生活圏のカニでは歩行だけでなく，遊泳して移動するものもいます。泳ぐカニの方向は横向きになります。ガザミ類では，最後尾の脚が平たくなった水かき状に変形しています。これを使って遊泳すると，海底を歩行するよりも迅速です。

雨とか夏の満潮時になると，カニたちが道ばたに出てくることがあるのはどうして？

question 11

Answerer 鈴木 廣志

　答えはいくつかあって，雨が降ったときに出てくるのは「呼吸のための水分補給」，「脱皮のための給水」あるいは「エサを探している」です。そして，夏の満潮時に出てくるのは「子供を産むため」です。

　カニたちの呼吸は魚と同じく*鰓呼吸*です **Q36 参照**。そのため酸素が十分溶け込んだ水分が必要です。ですから，カニたちも基本的には水中で生活します。しかしながら，カニたちのなかにはご存知のように川や海の近くの土手や山肌に穴を掘って生活しているものもいます。アカテガニやベンケイガニの仲間です（図11-1）。このベンケイガニの仲間たちの甲らは，エビたちのそれとは違って，とても固く，かつ甲らの密閉度が高くなっています。カニたちの鰓はこの密閉度の高い甲らの内側にある空間，つまり*鰓室*にあり，この鰓室内に水分がある程度入っていれば，しばらくの間は水の外，つまり陸地でも活動できるのです。しかし，鰓室の水分も時が経てば不足してきます。そんなとき，雨が降って一時的に枯れていた沢や溝に水が流れたり，道ばたに水たまりができたりすると，カニたちは巣穴から出てきて，鰓室に不足した水分を補給するために水たまりなどに入っていくのです。また，ふだん水のなかで生活しているサワガニの仲間も，ときとして雨の後の水たまりなどに出てくることがあります（図11-2）。これは水分の補給というよりも，エサ探しだったり，別の沢への移動であったりします。

　さらに，カニたちは体を大きくするためには脱皮をし，そのあと水分を吸収する必要があります。ベンケイガニやクロベンケイガニなどふだん水辺近くの陸地に棲んでいるカニたちは脱

11 雨とか夏の満潮時になると、カニたちが道ばたに出てくることがあるのはどうして？

皮するときに水路などに降りてきます。雨が降った後の水たまりなども時としてこの脱皮をするために使われることもあります。

　一方，夏の大潮（新月や満月の前後）の満潮時に海辺に行くと，いつもは陸地で生活しているベンケイガニの仲間たちが大挙して土手や山肌から水辺に集まってくるのを見ることができます。この集まりは，雨の後の集まり方とは違っています。集まってきたカニたちを手に取ってみると，ほとんどがお腹に卵を抱いた雌なのがわかります。彼女らは，卵のなかでカニの子供（ゾエア幼生と言います）が十分育ち，ふ化直前になったことを察知して，海に送り出すために山からやってきたのです。なぜ海に送り出すかというと，陸に棲んでいるカニたちの子供も海水のなかでないと成長できないからです。

　海辺に着いた雌は波打ち際に入っていき，波が押し寄せるたびに腹部（俗にいうフンドシです）を煽って，卵から子供がふ化するのを手助けします。何百，何千というメスがいっせいに子供をふ化させるわけですから，何百万，何千万という子供たちが波打ち際に出ることになり，波打ち際は一時大混雑になります。しかし，自然界は残酷なもので，このカニたちのふ化を知って，ハゼなどの岸辺に棲んでいる魚たちが集まって来て，ふ化したばかりのカニの子供を食べます。でも，これも自然界の摂理，食物網の一つととらえた方がいいでしょう。何しろ，ふ化したすべての子供が食べられるわけではなく，生き残るものもいて，それらが，1ヶ月強で無事に成長すれば，どこかの海辺に上陸して親と同じように陸上の生活を開始します。もし，

図11-1 雨の降った後や夏の大潮のときに巣穴から出て活動するアカテガニ。

図11-2 雨上がりの湿った陸域に出てきて活動するサワガニ。

11

雨とか夏の満潮時になると、カニたちが道ばたに出てくることがあるのはどうして？

魚たちが食べなければ，逆に海辺や水辺の近くの土手や山肌はカニたちで埋めつくされてしまうかもしれません。

　このように，雨の後や夏の大潮のときにカニたちが出てくるのは，「生きていくため」，「成長するため」そして「子孫を残すため」なのです。

エビやカニの雄雌がペアで過ごす期間はどれくらい？

question 12

Answerer 朝倉 彰

インターネット上で「カバンヤドカリ」と言われているものがあります。これは大きいヤドカリが，小さなヤドカリを貝殻ごと持ち運んでいるもので，カバンを持ち運んでいるように見えるので，そのように言われています。じつは，これは大きい方の個体が雄，小さい個体が雌で，雄が交尾前の1～数日前に成熟した雌を貝殻ごと持ち運んでいるのです（図12-1）。これは「交尾前ガード」と呼ばれているもので，エビやカニなどの十脚目で広く見られるもので，ワタリガニ類，イチョウガニ類，ズワイガニ類，タラバガニ類などで良く知られています。雌の生殖巣が成熟したことは，雌が水溶性の性ホルモンを出すことによって，雄に知らしめており，それに誘引されて雄がやってきます。複数個体の雄がやってくることも多く，その場合，雄同士は激しく戦って，戦いに勝った雄が雌を確保することになります。戦いにはハサミ脚が使われます。

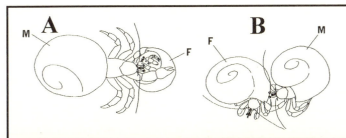

図12-1 ヤドカリの交尾前ガード。A. ホンヤドカリ。B. ハダカホンヤドカリ。M. 雄。F. 雌（今津と朝倉原図）。

交尾前ガードの期間は通常 1〜3 日程度ですが，ズワイガニ類で 12 日間，イチョウガニ類で 21 日間，ミドリガニ類で 16 日間などの長期間にわたる記録もあります。

これらの種の一部には「交尾後ガード」というのも知られており，雄が交尾のあとも雌を他の雄から守る行動が見られる場合があります。多くは半日から 1 日間程度ですが，イチョウガニ類で 12 日間，ミドリガニ類で 3 日間の記録があります。

また「交尾前ガード」には，非接触型のガードも知られており，居酒屋などで「川エビ」としてよく出てくるテナガエビがそうです。手，すなわちハサミ脚が長いのは，雄で，このハサミ脚を前の突き出すように伸ばし，左右のハサミ脚の間に雌を入れて確保します。

一方，数ヶ月から年単位で雄と雌が一緒に暮らす十脚甲殻類もいます。熱帯魚屋で時々売っている熱帯産の美しいオトヒメエビ（ボクサーシュリンプ）や，ヒトデに共生して暮らすフリソデエビは，雌の生殖巣が成熟している，いないにかかわらず，雌雄がペアで暮らしています。こうした長きにわたってペアで暮らす種というのは，熱帯のサンゴ礁でよく知られており，他の生物と共生する，または寄生する種が多いです。たとえばカクレエビ類やテッポウエビ類で，カイメン，サンゴ，ウミウシ，大型の二枚貝，ウミシダに共生する種，サンゴに共生するサンゴガニなどで知られています。

琉球大学の調査によると，サンゴに棲む甲殻類を調べたところ，3 種類のサンゴガニ類，2 種類のテッポウエビ類，1 種類のカクレエビ類が，それぞれペアになって，たったひとつのハ

ナヤサイサンゴのコロニーに生息していました。またそこには，ハゼ類もペアで暮らしていました。このようにペアで長期間暮らすというのが，分類群をこえて見られます。

　また，古来よりペアで長期間暮らすことが知られている甲殻類に，カイロウドウケツエビがいます。これは英語でビーナスのバスケットと呼ばれるガラスカイメンという，カゴ状に編みこまれたような構造になっている特殊なカイメンのなかに暮らすエビです。カイロウドウケツというのは漢字で「偕老同穴」と書き，同じ家で暮らして老いていき，死んだ後は同じ墓穴に葬られるという意味で，夫婦の信頼関係が堅固であることを指します。カゴ状のカイメンから雌雄1対のエビが見つかり，そのエビの大きさから考えて，カイメンから外に出ることなくずっと暮らしていくと考えられ，古来よりおめでたいものとされて，1対のエビ入りのガラスカイメンの乾燥標本は桐の箱に入れられて，結婚式の引き出物としても扱われてきました。

ダンスをするカニは何のためにやっているの？

question 13

Answerer　和田 恵次

　夏場，干潟で静かにカニを観察していると，ハサミ脚を振り回しては体をリズミカルに動かす運動をするカニを見ることができます。このダンスはウェービング（waving）と称され，スナガニ上科の多くの種が，それぞれ固有のやり方で踊っています。たとえば日本の沿岸にふつうのコメツキガニでは，両方のハサミ脚をゆっくりと上げていき，伸びあがったところ（図13-1）から急に振り下ろすという動きを示しますが，それはちょうどあくびをするテンポと似ています。チゴガニでは，この動きがもっと速く，しかも立て続けに踊ることが多いので，干潟ではこの踊りが大変目立ちます。シオマネキという名前も，潮を招くようにハサミ脚を振り回すことから付けられたとされています。シオマネキ類の雄では片方のハサミ脚が巨大化していますので，この巨大ハサミ脚を中心にした動きで踊ります。ハクセンシオマネキという種では，とくにこの巨大ハサミをダイナミックに振り回して踊ります。白い扇で潮を招いていると見立て，ハクセンシオマネキと命名されたのでしょう。

　このダンスは年中見られるわけではなく，繁殖シーズンだけに限られます。しかも踊るのはほとんどが雄です。したがってこのダンスは雄の繁殖行動のひとつと見られます。では繁殖上どのような役目をしているのでしょう。ひとつは雌への誘引です。コメツキガニの雄は，まわりが雄ばかりだと踊らず，まわりが雌ばかりだとよく踊るという実験結果があります。これは，ダンスが雄に対してではなく，雌に対して行われていることを示しています。チゴガニでは，雌は，よく踊っている雄の集団の方に近づきやすいとされています。さらに雌が雄に接近する

図 13-1　ウェービング中のコメツキガニ（撮影：渡部哲也）。

と，雄はその雌に向けて誘うようにダンスをするようになります。これらの観察は，ダンスが雌を誘引させる機能をもっていることを示しています。最近では，ダンスは雌を誘引させるだけでなく，雌の選り好みの判断基準になっていることもわかってきました。オキナワハクセンシオマネキでは，雌は，より高くハサミを上げたダンスをしている雄を好んで番うことがわかっています。

　雄のダンスのもうひとつの機能は，他の雄に対する牽制です。チゴガニの雄は，まわりに他の雄が多いほど，またまわりの雄がよく踊っているほど，それに対抗するようによく踊るという実験結果があります。シオマネキ類の一種 *Leptuca musica* では，雄のダンスが，まわりの雄個体の体サイズによって変化することが知られています。具体的には，まわりが自分よりも大きい雄ばかりだとあまり踊らず，まわりが自分と同じくらいの大き

さの雄ばかりだとよく踊るのです。これらの観察結果は，ダンスが雄同士の競争を反映したものであることを示しています。ダンスは繁殖期だけ行われることから，この雄同士の競争は，主として，番(つが)うべき雌をめぐっての競争であるとみられます。

カニの雌は雄に対して選り好みをするの？

question 14

Answerer 和田 恵次

　動物の雌が雄を選り好みするのが明らかになったのは最近のことです。ほとんどの動物では，雌雄が番うとき，雄が一方的に振る舞うのに雌の方は受動的に雄を受け入れるのがふつうなので，雌には雄を選択する余裕はないように見えるからです。干潟に穴を掘って生活するスナガニ類では，雌が雄の巣穴に入ることで番いが成立するものがあり，そのような配偶様式をもつ種では，雌が雄の巣穴に入るか入らないかという反応で，雌の選択を見出すことが可能です。雄のハサミ脚が巨大化したシオマネキ類では，雄がその巨大化したハサミ脚を雌に振り回してみせ（図14-1），自分の巣穴に誘うのですが，雌はその雄に近づいても，さらに雄の巣穴を探る行為を行ってから，その巣穴に入る場合と，入らずにまた放浪するという場合があります。中米パナマにいるシオマネキ類の一種 *Leptuca beebei* で行われた研究では，雌が入った雄の巣穴は，入らなかった雄の巣穴よりも深くて立派でした。雄のもっている巣穴の形状が雌の選り好みの基準であったと言えます。日本のオキナワハクセンシオマネキでは，雌に向かって行うハサミ脚の振り回しが雌の選り好みに影響していました。雌が雄の巣穴に入った場合の雄のハサミの振り方と，雌が近づいても雄の巣穴に入らなかった場合の雄のハサミの振り方を比較したところ，前者の方がハサミを上げる高さが高いという違いが見出されています。この場合，雄の体サイズやハサミ脚を振る速度は，雌の選り好みの基準にはなっていません。オキナワハクセンシオマネキの雌は，ダンスで振り回すハサミがより高い位置に来る雄を好んでいるといえます。日本のハクセンシオマネキに近縁の *Austruca annulipes* という種では，雄と番う直前の雌が複数の雄に求愛される状況で，雌はどの雄の巣穴に入ったかが，南アフリカで研究されています。それによると，雌に選ばれる雄の踊り方は，選ばれない雄の踊り方よりも激しいこと，具体的には１回の振り回しの速度が速く，かつ振り回し間の時間も短いことが明らかになっています。ここでは雌は，激しく踊る雄を好んでいるようです。これらシオマネキ類の例はいずれも野外の自然条件下での検証例ですが，実験室で雌に２種類の雄を選択させる実験から，選り好みがあることが見出された例もあります。海岸の転石下にいるヒライソガニでは，体サイズが異なる雄を雌に提供したところ，雌は大きい方の雄を好みました。同じような選択実験は，南米アルゼンチンのモクズガニ科の一種 *Neohelice granulata* でも行われており，そこでも雌は大型の雄を好むことが示されています。サンゴに棲み込むサンゴガニ類では，雌だけでなく雄も大きい方の相手と番いを形成する傾向があることも知られています。雌が大きい雄を好む傾向は，短尾類（カニ類）だけでなく，異尾類のヒラトゲガニやザリガニ類のアメリカザリガニでも知られています。

　最近では，ハサミに生えている毛の房が雌の好みに影響することも明らかになっています。ヒメケフサイソガニというカニは，雌雄ともにハサミにフサフサとした毛の塊が付いているのですが，この毛が取り除かれた雄は雌に好まれなくなってしまうというのです。

図 14-1 巨大化したハサミ脚を振り回すハクセンシオマネキの雄(撮影:締次美穂)。

カニと恐竜では，地球上に現れたのはどちらが先？

question 15

Answerer 加藤 久佳

　答えは恐竜です。では，カニとエビでは，どちらが長い歴史を持っているのでしょうか？　この答えはエビです。他の生物と同様に，カニやエビも長い進化を経て，現在私たちが目にする形になりました。十脚目に分類される最古のエビの化石は，アメリカの古生代デボン紀後期，約3億6000～7000万年前の地層から発見されているパラエオパラエモン・ニューベリーです。同時代の地層から，他にも2種が報告されています。しかし，その後2億5000万年前の古生代の終わりまで，確実なエビの化石はごくわずかしか知られていません。

　中生代三畳紀になると，エビの化石記録は一気に増加します。しかし，この時代からは，まだカニの化石は知られていません。

　次のジュラ紀になって，ようやく地球史にカニが登場します。ドイツのジュラ紀前期，約1億8500万年前の地層から発見されたエオプロソポン・クルーギが，確実なカニと考えられている最古の化石です（図15-1）。この種は写真の標本が1点知られているのみで，コウナガカムリ上科に含められていますが，その下の科のレベルの分類はまだ確定していません。

　これまでの化石記録から，カニはジュラ紀前期までに，温暖なテチス海と呼ばれる海域で出現したと考えられています。ジュラ紀中期の化石記録は多くありませんが，ジュラ紀後期になると，サンゴや海綿，石灰藻などを多く含む石灰岩体から化石が多産するようになることから，これらの生物がつくる礁のような環境で繁栄したと考えられています。かつては，ジュラ紀のカニの化石はヨーロッパとアフリカの一部でしか知られていませんでしたが，近年，日本のジュラ紀末期の地層からもカ

図 15-1　最古のカニ　エオプロソポン・クルーギ。
Schweitzer and Feldmann（2010）より転載。左下のスケールは 1 cm。

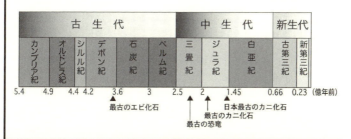

図 15-2　顕生累代(けんせいるいだい)の地質年代表。

ニの化石が発見され，ジュラ紀末までには環太平洋地域に分布を広げていったことがわかりました。

　一方，恐竜は世界各地の三畳紀後期の地層から見つかっています。たとえばアルゼンチンの三畳紀後期，2億2700〜3700万年前の地層からは，7種類の恐竜が見つかっています。獣(じゅう)

脚류や鳥盤類，原始的な竜脚形類も報告されており，すでに多様化していたことがうかがえます。アメリカ，ブラジル，イギリス，ドイツ，南アフリカなどからも同じ頃の恐竜が知られています。したがって，化石記録で見る限り，恐竜の方がカニより少なくとも4000万年ほど前に地球上に出現していたことになります（図15-2）。

　しかし，鳥になったグループ以外，すべての恐竜が絶滅した中生代白亜紀末の大絶滅を，カニは生き延びました。十脚目では，白亜紀後期に化石が知られている属のうち，約70％がこの時代に姿を消していますが，そのうちのどれくらいが白亜紀末の大絶滅で絶滅したかは不明です。というのも，白亜紀最後のマーストリヒト期まで化石記録が確認されているものはそのうちの約3分の1にすぎないため，残りの3分の2はそれ以前に絶滅している可能性も少なくないからです。

　完全に絶滅したアンモナイトはもちろん，貝類などよりも十脚類は白亜紀末の大絶滅の影響を受けていないという説もあります。カニやエビは他の動物よりも白亜紀末の大絶滅の影響が少なかったことが事実とすれば，その原因は何か。これについては，化石の記録は不完全な上，十脚目の化石は高い精度で検証できるほど多くは見つからないので，確実なことはわかっていません。でも，非常に興味深いテーマと言えます。

エビやカニを食べてアレルギーになることがあるの？

question 16

Answerer 村山史康・石田典子

　エビやカニに限らず，私たちが食べるものが時としてアレルギーのもとになることがあります。アレルギーとは，食べ物などを摂取した際，体にとって本来無害なものであってもこれを「有害な物質だ！」と誤って認識し，過剰な反応が起こるため，結果として自らの組織や臓器などにマイナスの作用をしてしまう現象のことです。なかでも食物アレルギーでは，軽い場合はかゆみやじんましんが（図16-1），重い場合には意識障害や血圧低下などの重篤な状態に至ることもあります。このため，アレルギーを起こすおそれのある食べ物は法律によりアレルギー誘発物質（アレルゲン）の表示が推奨されています。

図16-1　アレルギーを起こした人。

エビやカニを食べてアレルギーになることがあるの？

食物アレルギーはあらゆる食品が原因となりますが，日本では食品のなかで魚介類の摂取が多いため，これに比例して重要なアレルギー原因食品の一つにあげられています。消費者庁の調査によると，アレルギーを発症した人のうち，甲殻類が原因だった人は全体の3.6%で第7位となっています（図16-2）。これだけを見るとたいしたことはないのでは？　と疑問に思われるかもしれません。しかし，年齢別に見てみると，18歳以上では甲殻類が原因物質として第2位に入ってきます（表16-1）。さらに，甲殻類はFDEIA（食物依存性運動誘発アナフィラキシー）などを起こす例も報告されています。このように，エビやカニなどは症例数などを考慮し，上記の理由からアレルゲン表示が義務づけられています。

表16-1　年齢別アレルギー原因物質の実態（食物アレルギーに関連する食品表示に関する調査研究事業報告書より一部改変：出典・消費者庁）。

順位	0歳	(%)	1,2歳	(%)	3-6歳	(%)	7-17歳	(%)	≧18歳	(%)
1	鶏卵	53.9	鶏卵	40.2	鶏卵	22.8	牛乳	16.6	小麦	23.8
2	牛乳	27.3	牛乳	24.4	牛乳	21.4	鶏卵	15.7	甲殻類	19.0
3	小麦	13.7	小麦	10.3	小麦	11.9	果物類	11.3	果物類	17.2
4			魚卵類	6.3	落花生	10.9	小麦	11.0	魚類	9.2
5			落花生	5.4	魚卵類	7.0	落花生	10.1		

アレルゲンに関する研究は古くから行われ，近年になってようやくエビやカニ類の主要アレルゲンは共通してトロポミオシンであることがわかってきました。このトロポミオシンは筋原繊維タンパク質の一種で，筋肉の収縮の調節を担っています（図16-3）。魚類の主要アレルゲンであるパルブアルブミンと同様，加熱に対して非常に安定なタンパク質であるため，アレ

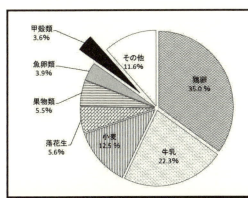

図 16-2 食物アレルギーの実態(食物アレルギーに関連する食品表示に関する調査研究事業報告書より一部改変:出典・消費者庁)。

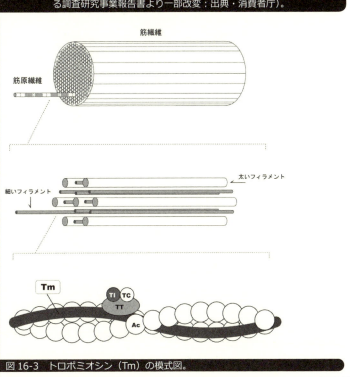

図 16-3 トロポミオシン(Tm)の模式図。

16 エビやカニを食べてアレルギーになることがあるの？

ルゲンとなりやすいのです。実際に発症した人のなかにはエビだけ，カニだけにアレルギーを示す方がいますので，「エビとカニは似ているから甲殻類で統一してもいいのでは？」というわけにはいかないのです。この差についてはまだ詳しくわかっていませんが，アミノ酸配列など分子レベルでの変異が関係している可能性があります。

そのほかのエビやカニでは，他のものと異なり，混入の可能性ということがあります。たとえば，スーパーにあるシラスのパッケージに「本製品で使用しているシラスは，カニが混ざる漁法で採取しています」などの表示を見たことがありませんか？　これらはチリメンモンスターとも呼ばれ，シラスに混じった当の製品以外の小さな生き物を指し，これにはエビやカニの赤ちゃんなども含まれます（口絵4）。シラスは小さいため，現場では努力しているものの，他の小物と完全に選別することが難しいのです。他にもノリやかまぼこ等で同様の表示がされている場合があります。

さらに意外かもしれませんが，一部地域で珍味として食べられているカメノテやフジツボ，さらに寿司ネタとして人気のシャコもエビやカニの仲間です。これらはアレルギー表示の対象外ですが，アレルギーという点からは，甲殻類であることを頭に入れておくと良いでしょう。

大事なのは正しい情報をもとに冷静に対応することです。これまで述べてきたように，食材の購入や調理の際には自分だけでなく他人の健康状態にも，さりげない気配りをしましょう。

イセエビが獲れるのは伊勢だけじゃないのに，どうして伊勢海老？

question 17

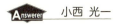
小西 光一

　それは最も古くから広く使われていた名前が伊勢海老だったからと思われます。ご存知の通り，イセエビは三重県の伊勢地方だけでなく，九州から太平洋岸に沿って茨城県まで分布しています。また，初めて見つかった場所が伊勢地方であったわけでもありません。実をいうと，かつてイセエビにはいろいろな名前がありました。たとえば，関東地方ではカマクラエビ（鎌倉海老）と呼ばれていましたし（図17-1），同じ三重県でも志摩地方ではシマエビ（志摩蝦），またその色や形の印象からベニエビ（紅鰕）やタツエビ（龍蝦）とも呼ばれていました。ちなみに中国の漢字表記は今でも龍蝦です。また伊勢という地名ではなくて，漁場である磯のイソが変化してイセとなり，これにエビがついたという説もあります。いずれにしても学名という，専門家が国際的な取り決めのもとに使うことばとは異なり，日本国内だけで使われる和名にはとくにきまりがありません。最近では論文などでいつ，だれが，どのように命名したかがわかりますが，魚や貝などでも，一般によく知られているものほど，これらの名前の由来については，はっきりとしないものが多いのです。ただイセエビについては，古い書物をたどっていくと，この名は室町時代から使われていたことがわかっています。書物として最古のものは「言継卿記」の永禄九年（1566年）正月の記述に初めて見られます（図17-2）。また，同じ頃に描かれた「月次風俗図屏風」の田植え風景のなかで，イセエビを描いた団扇をもった男が踊っています（東京国立博物館のホームページ参照）。この絵は海とは関係のない田植えの風景ですが，このような団扇が出回っていたことから，この時代には世間一

般によく知られた存在だったのでしょう。これ以前の万葉集などではただ「衣比（エビ）」としか書かれていないので，それらが何を指しているのかは特定できません。ちなみに，種が特定できる古文書となると，カニの仲間のガザミの方が，平安時代の「本草和名（10世紀）」に「加佐女（かさめ）」という表記で出てくるので年代的には勝っています。いずれにしても，今のところエビのなかで記録上最も古い用例がイセエビというのは事実です。

これに加えてイセエビという和名が一般に定着しているのは，明治以降に進められた国語の標準化の流れも関係しています。つまり，それぞれの地域で異なった名称で呼んでいたのでは，産業および教育面だけから考えてもネックとなってしまうわけで，これに対しての改善策は，まず社会でのことばを統一することです。この流れでイセエビという呼び名がより世間一般に使われるようになったと思われます。専門的には*標準和名*と呼ばれる和名は，この流れをくんでいるのですが，先にお話ししたように，すべての生き物には国際的な取り決めにしたがってラテン語で記される*学名*があり，イセエビは「*Panulirus japonicus*」となり，これに対応する和名が「イセエビ」となります。このように産業上重要な種では和名は普及，安定していますが，そもそも強制力はありませんので，一般になじみのない種，時としてそうでない種でも，和名が乱立して混乱することもあります。何より，一般社会からの理解と協力が第一ではないでしょうか？

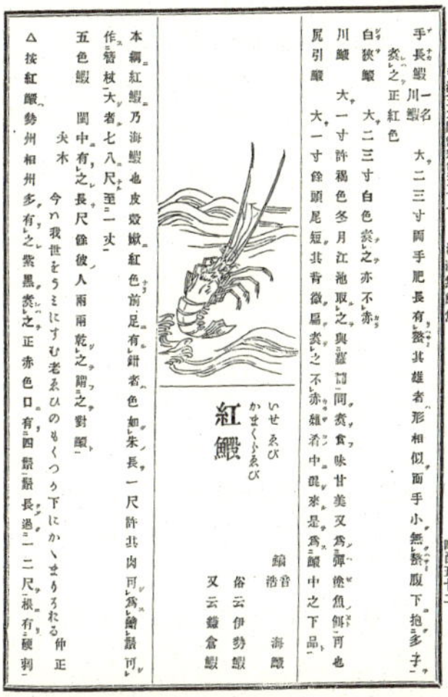

図 17-1 「和漢三才図会」に描かれた鎌倉海老（出典：国立国会図書館 Web サイト）。

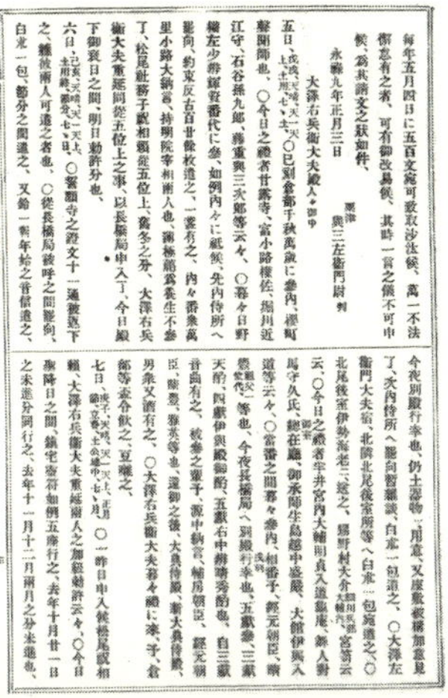

図 17-2 「言継卿記（16世紀）」の永禄九年正月分に記された伊勢海老（出典：国立国会図書館 Web サイト）。

深い海底や寒い海にはおいしいエビがいるって本当？

question 18

Answerer　大富　潤

　テレビのグルメ番組を観ていると，レポーターが船の上や港で獲れたてのエビの殻をむいてそのまま食べ，「あーおいしい！」って言っていることがありますよね。あれは誇張していることが多いようです。実際は，獲れたてのエビはプリプリとした弾力のある食感は楽しめるものの，味は今一つです。つまり"新鮮"すぎておいしくないのです。不思議に思うかもしれませんが，獲られてから少し時間が経った，お店で売られているエビの方が甘味や旨味があっておいしいのです。

　それには*消化酵素*が関係しています。私たちが摂取した食物は口から食道を通って胃に入り，小腸に向かう過程で消化されますが，そのときに働くのが消化酵素です。タンパク質，脂質，炭水化物などの高分子化合物をアミノ酸やブドウ糖などの吸収しやすい低分子化合物に分解するのです。エビにとっても，食物を摂取して消化するのは生きるために必要なことです。しかし，漁獲されてしまったエビではどうでしょう？　エビは死んでも体のなかにある消化酵素がなくなるわけではないので，自分自身の体を消化し始めるのです。これを*自己消化*といいます。時間が経って自己消化が進むと，どんどん身がやわらかくなってとろみのある食感になります。そして，*イノシン酸*などの*旨味成分*が増加して，よりおいしく感じるようになるのです。

　アマエビという，文字通り甘くておいしいエビがいますよね。よく知られたアマエビという名前は地方名で，標準和名はホッコクアカエビです Q23 参照 。高級エビの代表格，クルマエビやイセエビもおいしいですが，生で食べるとホッコクアカエビの方が，身がとろりとしてやわらかく甘味も強いと思いません

図18-1 ボタンエビという地方名で呼ばれることが多いトヤマエビ。

か？ それは生息場所の環境と関係があるのです。ホッコクアカエビはタラバエビ科・タラバエビ属のエビです。タラバガニと同様に、タラ場、つまりタラの漁場に多く生息していることが名前の由来です。日本海やオホーツク海、ベーリング海などです。日本では北海道や北陸など、北日本の水深200～600mの海底に棲んでいます。水温が0～5℃くらいしかない冷たい海です。一方、クルマエビやイセエビは南日本の比較的暖かい海に棲んでいます。この違いが食感や味の違いを生むのです。

先にエビがおいしくなるのは消化酵素による自己消化のためと述べましたが、温度の低いところでは酵素の働きが弱くなります。そのため、冷たい海に棲んでいるエビは食べたエサを消化するために、体内に多くの消化酵素をもっています。したがって、死んだあとは自己消化がよく進み、身がやわらかくなって旨味も増すというわけです。

ほかにも北日本の冷たい海に棲むタラバエビ科・タラバエビ属のエビはたくさんいます。よく知られているボタンエビもそうです。しかし、私たちがふだんボタンエビと呼んでいるエビは標準和名トヤマエビ（図18-1）の地方名であることが多いです。北海道周辺にも多いですが、富山湾でたくさん獲られるのが名前の由来です。トヤマエビもホッコクアカエビと同様に

身がとろりとして甘味の強いとてもおいしいエビです。

　では，身がやわらかくて甘いエビは北日本にしかいないのでしょうか？　そんなことはありません。タラバエビ科には，ホッコクアカエビやトヤマエビが属するタラバエビ属のほかに約20の属があります。そのなかのジンケンエビ属やミノエビ属は南日本や，さらに南の熱帯海域まで分布しています。たとえば，ミノエビ属のミノエビ（図18-2）は相模湾以南の海に分布しますが，刺身はホッコクアカエビと同じような食感でとてもおいしいエビです（図18-3）。さらに，トヤマエビの地方名ではなく正真正銘の標準和名ボタンエビというエビ（図18-4）が茨城県の鹿島灘から鹿児島県の薩摩半島沖にかけて，つまり南日本に生息していますが，これも甘くておいしいエビです。

　私たち人間は陸上で暮らしているので，北半球では北に行くほど寒く，南に行くほど暖かいのがあたりまえですが，たとえ南国でも標高の高いところは気温が低くなりますよね。海も同じで，南の海でも深いところは水温が低いのです。ミノエビやボタンエビは九州南部の水深300～400 mの海域で，底曳網で混獲されます。漁場は水温10℃にも満たない冷たい海です。また，ミノエビは奄美群島の与論島周辺の水深1000 m近い場所でもかごで獲られています。北であれ南であれ，深海の底は冷たい海で，甘くておいしいエビが生息しているのです。

18　深い海底や寒い海にはおいしいエビがいるって本当？

図 18-2 南日本の深海の底に棲むミノエビ。

図 18-3 やわらかくておいしいミノエビの刺身。

図 18-4 トヤマエビの地方名ではなく,南日本の深海の底に棲む正真正銘のボタンエビ。

カニの味噌はあるけど，タラバガニの味噌もあるの？

question 19

Answerer 佐々木 潤

　答えは，あるです。いわゆる「かに味噌」とは，「脳みそ」ではなく，*肝膵臓*（かんすいぞう）というもので，栄養を蓄える肝臓と*消化酵素*をつくる膵臓の機能をあわせもった器官です。発生学的には中腸とつながっていることから*中腸腺*（ちゅうちょうせん）とも呼ばれます。カニの肝膵臓は，脂肪と「旨味成分」として知られる*イノシン酸*などの核酸を多く含むため，濃厚で独特な風味がありますが，消化酵素を多く含むため，*自己消化*（死後に自分の消化酵素で自分の細胞を分解すること）が起こりやすく，すぐに鮮度が低下するという特徴があります。肝膵臓は重要な器官ですから，エビ・カニ・ヤドカリなどの，すべての甲殻類にあります。

　それでは，タラバガニの「かに味噌」があまり知られていないのはなぜでしょう？

　「かに味噌」の有名な食べ方として甲ら酒というのがありますが，タラバガニの甲ら酒とは聞いたことがありません。それは，タラバガニの肝膵臓が甲らの背面にないからです。図19-1にカニ，ヤドカリ，タラバガニの肝膵臓の位置を示しました。カニの場合，肝膵臓は甲らの背側に横長に存在し，甲らをはがすと，その裏側についてきます。一方，ヤドカリでは肝膵臓は甲らから腹部（腹節）の腹側に縦長に存在し，どちらかというと甲らより腹部に多く存在します。

　さてタラバガニはというと，肝膵臓は甲らから腹部の腹側に縦長に存在します。また，カニと違い甲らだけでなく腹部（いわゆるフンドシ）にも存在します。このことからも，タラバガニはヤドカリの仲間であることがわかります。タラバガニの甲らをはがしても肝膵臓は甲らの裏側にはありません。カニとタ

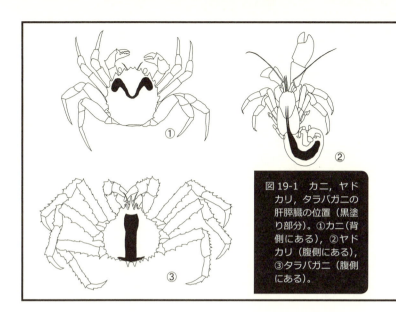

図19-1 カニ，ヤドカリ，タラバガニの肝膵臓の位置（黒塗り部分）。①カニ（背側にある），②ヤドカリ（腹側にある），③タラバガニ（腹側にある）。

ラバガニでは，肝膵臓の位置が違うため，カニと同じ位置にあると思い込んでいては，タラバガニの「かに味噌」はないと思ってしまうかもしれません。

　また，タラバガニの肝膵臓は，脂肪が非常に多く含まれているため，加熱してもカニの肝膵臓のように固まらず，「食べてもあまりおいしくない」こと，それに加えて以下の理由から，販売される前に除去されることが多いのです。タラバガニの商品価値はその厚い脚肉ですが，タラバガニの肝膵臓にはカニより強力な消化酵素があるため，漁獲後の弱った段階からすでに自己消化が始まるので，放っておくと脚肉がドロドロに溶けて商品価値が低下してしまいます。肝膵臓の位置が腹側にあり，脚肉に接していることも脚肉がだめになりやすい理由になっています。そのため，販売されている活がに以外のタラバガニは，初期の加工段階で肝膵臓をきれいに除去されるのがふつうなため，そもそも「かに味噌」を見る機会があまりないのです。

エビやカニの血管や血液ってどんなもの？

question 20

Answerer 佐々木 潤

エビやカニにも血管や血液があるのですが，私たち人間のものとは結構違っています。ここではわかりやすくするために，人間のものとエビ・カニのものとを対比させて説明します。

血管とは，全身へ酸素や栄養分，老廃物，水分を運ぶ体液の通路となる管のことで，血液とは血管を流れる体液のことです。心臓から送り出される血液が通る管を動脈，心臓へもどる血液が通る管を静脈，動脈と静脈をつなぐ管を*毛細血管*と呼びます。

人間の血液の流れには，心臓から動脈を経由して全身の毛細血管へ流れ，静脈を経由して再び心臓にもどる大循環と，心臓から動脈を経由して肺へ流れ，肺の静脈を経由して再び心臓に

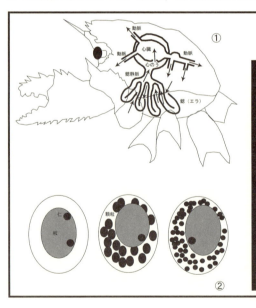

図20-1 開放血管系の模式図と血球。①カニの開放血管系の模式図。心臓から出る動脈はありますが，静脈は鰓静脈以外にはありません。実際の動脈はかなり細かく分岐して全身を覆っています。②エビ，カニの血球の例。顆粒（図の黒いツブツブ）の大きさと数が違うものがあります。

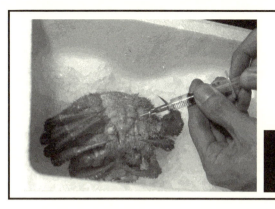

図20-2 冷却麻酔したケガニからの採血実験のようす。

もどる小循環の２系統があります。このような複雑で効率的な血液の流れが可能なのは，心臓が左右の心房と心室を持っているためです。こういう血液が流れるしくみを*閉鎖血管系*と呼びます。さらに血管と別に，全身の組織間を流れる体液（リンパ液）が通るリンパ管があります。リンパ管は，最終的には静脈につながり，リンパ液は血液に合流します。リンパ液は脂質の運搬と免疫に関係しています。

　エビやカニの場合は，だいぶ人間の場合より単純です。図20-1にその模式図を示しました。まず，エビやカニには毛細血管がありません。また，静脈も鰓(えら)静脈以外ありません。心臓も単純な袋状で，*心門*(しんもん)という心臓への入り口があるだけの構造です。心臓から動脈を経由して流れた体液は，かなり細かく分岐した動脈によって全身に運ばれますが，末端で体組織の間に直接放出されます。人間のように心臓と血管の流れが閉じていないため，これを開放血管系と呼びます。動脈によって運ばれた体液は，体組織の間を通り，鰓に入って，鰓静脈から「心のう」という，心臓を包む膜で囲まれた部分に集まり，再び心臓に入るという循環です。

　エビやカニの体液は，人間のように血液（血管内を流れる），

リンパ液（体組織の間とリンパ管内を流れる）の区別がないため，*血*リンパと呼ばれます。エビ・カニの「血液」は，いたるところに存在するため，エビやカニを傷つけると出てくる透明な液体が「血液」(血リンパ)なのです。なお，採血実験では体節と脚の間の関節膜に注射針を入れます（図20-2）。

　人間の血液では赤血球に鉄を含んだヘモグロビンという*呼吸色素*があり，酸素を運んでいますが，エビやカニでは銅を含んだヘモシアニンという呼吸色素が血球ではなく直接，血リンパに含まれ，酸素を運ぶ働きをします。ヘモシアニンは無色透明ですが，酸素と結合すると青色になる性質があります。ブルーミートとして古くから知られる，カニの冷凍品や缶詰の肉が青く変色する現象は，ヘモシアニンの酸化が主な原因だといわれています。また，エビやカニの血リンパにはチロシンというフェニル基をもつアミノ酸が豊富なため，空気中に血リンパを放置するとチロシンが酸化されてメラニン色素が生じるため，青くなるよりは黒くなることが多いです。

　人間の血液には，赤血球，白血球などの血球が，リンパ液にはリンパ球がみられますが，エビ・カニには赤血球にあたるものは見られません。エビやカニの血球は，人間の白血球やリンパ球に相当するもので，図20-1に示したように細胞に顆粒という「つぶつぶ」がないものから多いものまで，エビ・カニの種類によって数種類あることが知られています。エビやカニの血球は，人間の白血球やリンパ球のように，病原菌などの侵入を防ぐ，つまり免疫に主な役割があると考えられています。

カニやエビの精子にはしっぽがないって本当ですか？

question 21

Answerer 小西 光一

　その通りです。教科書などでよく紹介されている精子は小さな頭に細長いしっぽ，つまり鞭毛が付いた形で，オタマジャクシのように泳ぎ，これが一般的な精子というイメージがあります。しかし，エビやカニでは，精子は頭の部分しかありません。図21-1にカニの例を示しましたが，ボールや円盤状の本体に足のような突起を放射状に伸ばしています。ちょうどイガグリ

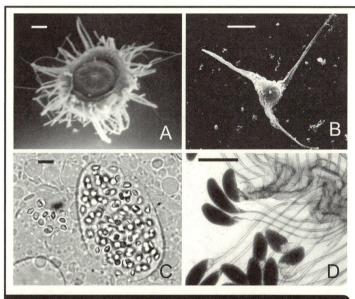

図21-1　A：イソガニの精子（左上の白線は10μ（1μ＝1mmの千分の1））をあらわす，B：ケガニの精子（左上の白線は5μ），C：ヒライソガニの精包（左上の黒線は10μ），D：イシダタミヤドカリの精包（左上の黒線は100μ）。（C・Dの撮影：古板博文）

のように球を包んでいるように見えます。大きさは球状の本体が40μくらいで，つまり1 mmの200分の1くらいの小ささです。ちょっと想像すると，まんなかの球が核にも思えますが，これは*先体*と呼ばれる受精時に使われる一種の部品であり，遺伝子を含む核は，じつは包んでいる方なのです。図 21-1 の例では，A のイソガニが多数の絨毛突起，B のケガニが 3 本の突起ですが，種類によってその形や数はいろいろです。クルマエビでは球に 1 本のスパイク状突起が出ています。では，自分では動かない精子はまずどうやって卵子にたどり着くのでしょうか？　それは，精子は*精包*と呼ばれるとても薄い袋にパックされており（図 21-1C），これがメスの体内あるいは卵が出てくるメスの生殖孔のすぐそばに付着しており，成熟した卵が排出されるときに，袋が破れ，卵子と精子が物理的に接触することによって，受精が行われるというわけです。この直後に，精子の先端が卵子の表面に接触した瞬間に，先体が急激に裏返しになり，その突起が卵細胞内に入り込むことで，その後にある核も卵内に進入することになります。この先体反応は急激に起きるために"*爆発型精子*"と呼ばれることもあります。ついでながら，精包についても袋状だけでなく，ヤドカリの仲間ではひも状の柄がついた（図 21-1D），ちょうど昆虫のカゲロウの卵であるウドンゲのようなものまであって多種多様です。

　このように話をすると，エビ・カニの仲間はすべてこのような，しっぽを持たずに自分で動かない精子かといえば，そうではありません。実際は，より広い甲殻類というグループ全体でみればこれは一部であって，たとえば，磯で見かけるフジツボ

ではちゃんとしっぽがあります。さらに，カイミジンコの仲間では Q46参照 ，何と長さが体長を超えて数 mm に達する，生物のなかでも巨大というよりは超長大な糸状のものまであります。ちなみにこのようなしっぽのないタイプは他の動物，たとえば魚類でもありますし，精子をオスの配偶子という考えでみれば，植物ではイチョウがその代表例です。とにかく甲殻類の親だけでもさまざまな形をしていますが，その配偶子である精子の形もじつに多様性に富んでおり，このことに着目して，系統分類に役立てようとする研究者もいます。

養殖されているエビやカニはどれくらいいるの？

question 22

Answerer 浜崎 活幸

　わが国では，クルマエビが養殖されています。世界を見ると，養殖されているエビは，おおむねクルマエビ類がアジアや南米を中心に7種，イセエビ類がアジアで2種，テナガエビ類がアジアを中心に3種，ザリガニ類がアジア，オーストラリア，北米を中心に5種ほどです。テナガエビ類やザリガニ類は，エビ釣りで親しんだ方も多いかもしれません。私たちがふだんスーパーマーケットで見かける食用エビの多くは，ウシエビ（商品名ブラックタイガー）やバナメイエビ（商品名バナメイ）などの養殖されたクルマエビの仲間たちです。一方，養殖されているカニには，東南アジアのアカテノコギリガザミ，中国のトゲノコギリガザミ，ガザミ，チュウゴクモクズガニが知られていますが，エビに比較すると少なくなっています。これは，カニは強いハサミをもっていることから，仲間同士で争いやすく，脱皮したあとの体がやわらかい仲間を食べてしまい，一つの養殖池でたくさん飼うことが難しいためです。

　エビやカニの養殖は，東南アジアでは古くから行われていました。その起源は数百年前にさかのぼるそうです。その養殖方法は，沿岸の浅瀬にできた自然の池やマングローブの一部を区切った池で，自然に入ってきたエビやカニの子供が逃げないようにし，数ヶ月後に自然の餌を食べて大きくなったエビやカニを収穫する粗放的なものでした。しかし，このような自然にたよる粗放的な方法では，多くの生産を上げることはできません。この問題に立ち向かったのが，「エビ養殖の父」と呼ばれる*藤永元作*です。藤永は1933年から1963年にかけてクルマエビの人工繁殖研究に取り組み，共同研究者とともにクルマエビの

子供を大量に生産する技術（*種苗生産技術*）を開発し，1963年には養殖会社を設立して，近代的なクルマエビ養殖の幕開けとなりました。その後，台湾でもウシエビの種苗生産技術が確立され，クルマエビ類の近代的養殖は世界各地へ広がり，他のエビやカニの養殖技術の開発に大きな影響を与えました。

　ここで，エビ・カニの養殖工程を簡単に見てみましょう。クルマエビ類は小さな卵を海水中に産み放ちます。ふ化した幼生はノープリウスと呼ばれ，まだ餌を食べません。成長して口ができたゾエア幼生になると，培養した植物プランクトンや配合飼料を食べ，ポストラーバと呼ばれる稚エビに成長します。テナガエビ類やカニ類の雌は生んだ卵をお腹の毛にくっつけてふ化まで保護します。幼生はゾエアとしてふ化し，培養した植物プランクトンや動物プランクトンを餌にして稚エビ・稚ガニに成長します。なお，淡水に棲んでいるテナガエビ類やチュウゴクモクズガニでも，幼生の生残と成長には塩水を必要とします。淡水産のザリガニ類も卵をお腹に抱きますが，生まれてくる子供は大きく，しばらくお腹の毛につかまったまま過ごし，稚エビになって親から離れます。このように育てられた稚エビ・稚ガニを養殖池に入れ，配合飼料などを与えて大きくしていきます。イセエビ類も養殖されていますが，養殖に利用される稚エビはすべて天然産です。これは，ふ化から稚エビまでの期間が数ヶ月から1年以上もかかり，人工的に育てるのが難しいからです。天然資源を守るためにも，種苗生産技術の確立が待たれています。

　さて，読者の皆さんは，*栽培漁業*という言葉を聞いたことが

養殖されているエビやカニはどれくらいいるの？

あるでしょうか？　養殖が子供から出荷サイズまで餌を与えて人間の手で育てられるのに対し，栽培漁業では子供を天然水域に放ち，生き残って成長したものを漁獲します。養殖と栽培漁業では，人工的に育てた子供を使い，水産資源の生産量を増やすことを目指す点では，親戚みたいな関係にあります。わが国では，多くの魚介類の種苗が天然水域に放流されています。現在，栽培漁業の対象となっているエビ・カニは，クルマエビ，クマエビ，ヨシエビ，ハナサキガニ，トゲノコギリガザミ，ガザミ，タイワンガザミ，モクズガニです。このうち，毎年の種苗放流数は，クルマエビが1億尾程度で最も多く，次いでヨシエビとガザミで3000万尾程度になっています。それでは，種苗放流の効果はどれほどあるのでしょうか。クルマエビでは，1億尾放流すると，漁獲が100トンほど増加するとの試算がありますので，少なからず漁獲の増加に貢献しているようです。

本当のアカエビって どんなエビ？

question 23

Answerer　大富　潤

　日本人は生き物の名前を和名（日本語）で書きますよね。ところが，アメリカ人は英語で，フランス人はフランス語で書きます。たとえば，和名ズワイガニは英語ではスノー・クラブ（snow crab），フランス語ではクラブ・デ・ネージュ（crabe des neiges）です。しかし，これらはその言語の国でしか通用しない名前です。生き物には万国共通の正式名称があり，それを学名と言います。学名はラテン語で表記し，ズワイガニは *Chionoecetes opilio* です。しかし，いくら正式名称とはいえ，私たち日本人が「昨日食べた *Chionoecetes opilio* の鍋は最高だったよ」なんて日常会話でいちいち学名を使っていたら大変ですよね。学名を使うのは，せいぜい研究者が仕事の会話をしているときくらいで，和名を使うのがふつうです。

　ところで，ズワイガニのことをマツバガニ（松葉がに）とも呼びますよね。どちらが正しいのでしょうか？　じつは，どちらも間違いではありません。ズワイガニは*標準和名*，マツバガニは地方名です。しかし，標準和名がマツバガニで，学名は *Hypothalassia armata* というカニが別にいますので，ズワイガニと呼ぶ方がいいでしょう。標準和名は日本語での正式名称です。一方，地方名は各地方で伝統的に用いられている名前です。

　さて，本題に入りましょう。皆さんはアカエビといえばどんなエビを思い浮かべますか？　日本にはさまざまな「アカエビ」が存在します。というか，さまざまなエビを「アカエビ」と呼んでいるのです。口絵5を見ながらお読みください。

　標準和名がホッコクアカエビというエビがいます。北太平洋に広く分布し，日本では日本海側に多いエビです。大きさは

23 本当のアカエビってどんなエビ？

　10cmを少し越えるくらいで，甘味が強く，刺身や寿司など生食に向きます。全国的にアマエビ（甘えび）という名前でよく知られていますが，これは地方名です。真っ赤な体のこのエビをアカエビと呼んでいる地域があります。

　九州の鹿児島湾には，標準和名がナミクダヒゲエビという深海性のエビがいます。体長は10〜15cm。湾内で操業する小型底曳網の主対象種で，「鹿児島湾深海底の主役」として地元で人気のあるおいしいエビです。煮えたぎる桜島の溶岩を思わせるあざやかな赤色を呈したエビで，アカエビとも呼ばれています。

　鹿児島県の奄美地方では，夜間の素潜り漁で数種類のイセエビの仲間が獲られています。そのなかで多く獲れるのは，標準和名がシマイセエビとカノコイセエビの2種で，前者は緑っぽく，後者は赤っぽい体をしています。そのため，地元ではシマイセエビをアオエビ，カノコイセエビをアカエビと呼んでいます。どちらも体長30cmくらいのものが多いです。奄美地方でアカエビと言えば，カノコイセエビのことです。

　アカエビという地方名で呼ばれているエビの共通点は，体が赤いことです。とてもわかりやすいですね。ここまで紹介したのはすべて地元の海で獲れる日本産のエビですが，アルゼンチンアカエビという外国産のエビが全国的に流通しています。南アメリカ南東部，とくにアルゼンチン近海に多く生息する体長約20cmのエビです。正式名称，つまり学名は *Pleoticus muelleri* で，鹿児島湾のナミクダヒゲエビと同じクダヒゲエビ科に属します。今，水産業界でアカエビと言えばアルゼンチン

アカエビを指すといっても過言ではないほどの量が出回っています。
　このように，標準和名は違っても同じアカエビという地方名で呼ばれているエビがたくさんいます。そんななか，正真正銘の，標準和名アカエビというエビがいるのです。クルマエビ科・アカエビ属・アカエビです。体長は 8cm 程度。相模湾以南の水深 30 m 以浅の内湾に生息する，塩茹でにするととてもおいしいエビです。学名は *Metapenaeopsis barbata* です。しかし，正真正銘のアカエビといいながら体はそれほど赤くありません。同じアカエビ属のトラエビに比べても赤みは弱いです。おもしろいことに，アカエビ属にはシロエビというエビがいます。アカエビ属・シロエビ。赤白はっきりしないへんてこな名前のエビですが，れっきとした標準和名です。そして，体色はアカエビよりもずっと赤いのです。本当のアカエビは，地方名でアカエビと呼ばれている他のエビに比べて，さらには同属のシロエビよりも，体が赤くないエビなのです。

クラゲとかウミタルにエビのようなのがいっしょにいましたが，何ですか？

question 24

Answerer　齋藤　暢宏

　このエビのような生き物はクラゲノミ類（亜目）と呼ばれる甲殻類です。伸長した体は，一見エビ類（十脚目）のように見えますが，クラゲノミ類は*端脚目*を構成する1亜目で，*等脚目*，アミ目，タナイス*目*などとともにフクロエビ上目に属します。十脚目やオキアミ*目*で構成されるホンエビ上目とは大きく異なるグループです。体はエビのような頭胸甲で覆われることはなく，大きな複眼を備えた頭部と，7節（ときには癒合して節数は減りますが）に分離した胸部からなります。成熟雌は胸部腹面に育房を形成します。遊泳用の腹肢を備えた腹部は3節からなり，尾部は2尾節（本来の第2・第3尾節は癒合します）と*尾節板*からなり，3対の尾肢を備えます。

　クラゲノミ類自身がプランクトン生活者なのですが，この仲間には，クラゲ類やサルパ・ウミタル類（タリア類＝プランクトン性のホヤの仲間）など大型のゼラチン質プラクトンと共生関係にある種類が少なくありません。このため，「クラゲ」につく「ノミ」と呼ばれるのだと思います。世界から21科約250種が知られ，このうちの120種が日本近海でも見ることができます。

　宿主特異性は，ゼラチン質プランクトンの"種"というよりは，大まかなグループへの嗜好がある程度のようで，クラゲノミ類の属や科によって大まかにその傾向が見られるようです（表24-1）。宿主との関係について"共生"と書きましたが，実際にはクラゲノミの消化管のなかからは，宿主の体の一部（そのクラゲの刺胞など）が見られたという報告があります。サンメスクラゲノミでは，宿主の口内に入り込み，宿主が摂食した

表 24-1 ゼラチン質プランクトンとクラゲノミ亜目甲殻類(科)との宿主−共生種関係(Harbison ほか(1977);Laval(1980)より作成)。

ゼラチン質プランクトン【宿主】	クラゲノミ類【共生者】	
クダクラゲ類 Siphonophorae	Scinoidea Paraphronimidae Lycaeopsidae Pronoidae Platyscelidae Parascelidae	スキナ上科 ボウズウミノミ科 ホソアシウミノミ科 ネコゼウミノミ科 テングウミノミ科 タテウミノミ科
クラゲ類 hydroid medusa	Lanceolidae Hyperiidae Brachyscelidae Lycaeidae	ランケオラ科 クラゲノミ科 ノコバウミノミ科 カミソリウミノミ科
クシクラゲ類 Ctenophora	Oxycephalidae	トガリズキンウミノミ科
サルパ・ウミタル類(タリア類) Thaliacea	Vibiliidae Phronimidae Lycaeidae	ヘラウミノミ科 タルマワシ科 カミソリウミノミ科

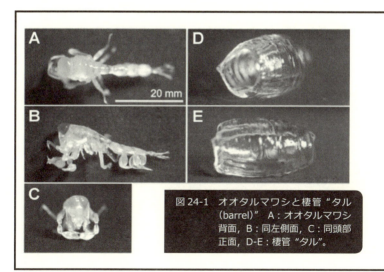

図 24-1 オオタルマワシと棲管 "タル(barrel)" A:オオタルマワシ背面,B:同左側面,C:同頭部正面,D-E:棲管 "タル"。

24 クラゲとかウミタルにエビのようなのがいっしょにいましたが、何ですか？

餌生物を数日間にわたり横取りしていたという観察記録もあります。このほか，クラゲ類に乗っかり，単に浮力調整の"うきわ"としても利用するなど，その関係はさまざまです。

クラゲノミ類の一種に，オオタルマワシという 40 mm を超える種がいます（図 24-1A〜C）。大きな複眼を備えた頭部，細い体幹，ハサミ状に発達した第 5 胸脚は独特な外観をなし，まるで SF 映画に登場する宇宙怪獣のようで強い印象を受けます。宿主としては，ハモンサルパ，トガリサルパ，ホンヒメサルパ，ヒカリボヤや，クダクラゲ類が利用されると記録にあります。このオオタルマワシは，宿主の内部に入り込み，中身をくりぬき，宿主を独特の棲管"タル（barrel）"に加工します（図 24-1D と E）。棲管の形には，表面が平滑なもの，数条の縦稜を形成するもの，イボを備えるものなど，さまざまなものがあり，これらは棲管の材料の違いが反映されたものと考えられています。

棲管のなかに入るのは主に雌のオオタルマワシで，内壁に卵を産み付けて育てるようです。雄は腹肢が発達し，触角の鞭部が伸長し，浮遊・遊泳に適した体形となっています。これはクラゲノミ類に共通した雄の特徴で，遊泳して雌と出会うものと考えられています。

時々魚の口に見られるダンゴムシのような動物は何ですか？

question 25

Answerer 齋藤 暢宏・山内 健生

　答えはウオノエ類です。マダイやチダイの口のなかに，白く太ったダンゴムシのような動物を見かけることがあります。これはタイノエという寄生虫で，等脚目・ウオノエ科の一種です。魚類の口腔内に寄生するウオノエ類は，宿主の舌の上や上あごにしがみつき，こちら（宿主の口先）に顔を向けて見つかります（口絵6C）。このようすが呑み込みかけた魚の餌のように見えることからこの名がついたようです。2個体が同時に見つかる場合，ふつう大きい方が雌で小さい方が雄です。

　ウオノエ類は漁業者や遊漁者の間では，ふつうに知られる寄生虫で，江戸時代の書物，『髄観写真』(1771年)，『紫藤園蝦図』(1827年)，『水族志』(1849年)などですでに図や解説が示されています。タイノエは「鯛之福玉」という縁起物の一つと考えられ，これを含む『鯛の九つ道具』(=鯛中鯛，大龍，小龍，鯛石，三つ道具，鍬形，竹馬，鳴門骨，鯛之福玉）をすべて揃えると，「物に不自由なし」の言い伝えがあるとのことです。タイノエのほか，マルアジにつくナミオウオノエやカイワリにつくシマアジノエなどは寄生率が高く，なりたての漁業者が最初に出会うウオノエ類のようです。また，陸棚縁辺から漁獲されるアカムツから見つかるソコウオノエ（口絵6C）の寄生率も高く，釣漁者のあいだでは比較的知名度の高い種類です。

　ウオノエ類は世界から43属，約330種が知られ，このうち36種が日本から報告されます。魚類の口腔内のほか，鰓腔，体表，あるいは体腔内に寄生する種が知られます（口絵6）。近年，深海魚トリカジカの鰓腔から採集されたウオノエ類が新種とわかりましたので，「トリカジカエラモグリ（*Elthusa moritakii* Saito & Yamauchi, 2016)」の名前で学界に報告しました。このようにまだ知られていない種類も多く見つかるのです。

　国内では約 80 魚種からウオノエ類が見つかっています。ウオノエ類には，特定の魚種にのみ寄生するものや，複数の魚種から見つかるものなどがあり，種によってさまざまです。なかには多くの魚種を宿主として利用する場合もあり，ウオノコバン（口絵 6 B）では 17 魚種が宿主として報告されています（表 25-1）。これまで記録のなかった魚からウオノエ類が見つかることも少なくなくありません。

表 25-1　ウオノコバンの宿主魚類。

コイ科	ウグイ（*Tribolodon hakonensis*）
ボラ科	ボラ（*Mugil cephalus*）
	セスジボラ（*Liza affinis*）
	メナダ（*Chelon haematocheilus*）
アカメ科	アカメ（*Lates japonicus*）
スズキ科	スズキ（*Lateolabrax japonicus*）
	ヒラスズキ（*Lateolabrax latus*）
タイ科	キチヌ（*Acanthopagrus latus*）
	クロダイ（*Acanthopagrus schlegeli*）
シマイサキ科	シマイサキ（*Rhyncopelates oxyrhynchus*）
ウミタナゴ科	アオタナゴ（*Ditrema viride*）
	ウミタナゴ（*Ditrema temmincki*）
ハゼ科	ドロメ（*Chasmichthys gulosus*）
	マハゼ（*Acanthogobius flavimanus*）
	ハゼクチ（*Acanthogobius hasta*）
ベラ科	ササノハベラ（*Pseudolabrus sp.*）
フグ科	ウスバハギ（*Aluterus monoceros*）

ウオノエ類の多くは、*雄性先熟雌雄同体*で、雄から雌へ性転換すると言われています。成熟雌は寄生生活に適応し、種によっては体軸が歪み、眼が退化傾向になり、胸脚は縮小し、*育房*が大きく発達するなどの独特な形態となります（口絵6A）。

　卵からふ化したウオノエ類はマンカ幼生と呼ばれ、成熟雌とはかけ離れた形態です（口絵6D）。海中に放たれたマンカ幼生は、宿主にたどり着くまでは浮遊、遊泳生活をおくります。集魚灯に蝟集（いしゅう）するプランクトンのなかに、ウオノエ類のマンカ幼生が見られることも少なくありません。ただ、ウオノエ類の分類学的研究は、成熟した雌の形態に基づいて進められてきたため、マンカ幼生の種の特定は多くの場合、非常に困難です。成熟雌から得られたマンカ幼生を記載するなどして、初期生活史に関する知見が充実されることが望まれます。

　ウオノエ類はごくふつうに見られる大型の魚類寄生虫ですが、まだまだ未知の研究領域が残されています。今後もさらなる研究が必要とされるグループなのです。

カニとかヤドカリのおなかに付いている袋みたいなものは何ですか?

question 26

Answerer 高橋　徹

　それはフクロムシという寄生虫です（口絵7）。外から見える袋の部分はエキステルナと言われ、寄生虫の卵と卵細胞がつまっています。エキステルナの根元からはインテルナと呼ばれる部分が植物の根のように宿主の体内に侵入しています。

　インテルナは宿主の腸管や*中腸腺*[1]にからみついて栄養を吸収していますが、中腸腺を壊してしまうことはありません。宿主が死ぬと共倒れになってしまうからです。インテルナは宿主の*胸部神経節*にも侵入しています。甲殻類のたくさんの脚や触覚などを操る神経は脳ではなく、大きな胸部神経節につながっています。インテルナはここに集中的に侵入しています。ここでのインテルナは中腸腺周辺と違って内部に侵入し、重要な神経分泌細胞を壊したりしているので、栄養吸収ではなく、あとで述べる「宿主の操作」に関係していると思われます。

フクロムシはもともとどういう生き物なのですか?

　この奇妙な生き物は、甲殻類でフジツボの仲間です。甲殻類といえば固い殻に覆われているはずなのに、ノッペラボウのグニャグニャで、甲らはおろか目も口も脚もありません。図26-1 はイソガニに寄生するフクロムシの生活史です。エキステルナの卵からはノープリウスという甲殻類に共通の幼生が生まれます。このノープリウスは脱皮を重ねて、フジツボ類特有のキプリスという柿の種型の幼生に変態します。それで、フク

---

[1] 中腸腺（ちゅうちょうせん）：肝膵臓とも呼ばれるように、消化酵素を分泌しますが、哺乳類の小腸のように栄養を吸収する器官でもあります。エビやカニで味噌と呼ばれる部分です。

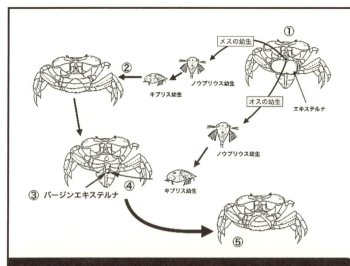

図26-1　イソガニフクロムシの生活史
① エキステルナからは雌雄のノープリウス幼生が放出されます。
② 雌のキプリス幼生は宿主の甲らの毛穴に取りつき，内部からセンチュウのような「バーミゴン幼生」が宿主の体内に侵入します。
③ 幼生は体内で細胞分裂をくり返し，宿主が脱皮した後，やわらかな腹部に直径2mm程度の白いバージンエキステルナが出現します。
④ バージンエキステルナに雄の幼生が侵入し，精子をつくる細胞の塊となります。
⑤ 雄が入るとエキステルナは成長し，内部に受精卵が満たされます。

ロムシがフジツボの仲間だとわかったのです。キプリス幼生には雄と雌があって，カニに寄生するのは雌だけです。雌のキプリスは甲らの隙間からカニの体内に侵入し，しばらく潜伏して成長したあと，お腹の部分から小さなエキステルナを外に出します。すると，雄のキプリスが小さなエキステルナの「マントル孔」を通って侵入し，雌と一体化してしまい，精子をつくる細胞の塊になってしまいます。昔はエキステルナを解剖すると精巣と卵巣があるので*雌雄同体*と思われていました。ほとんど

のフジツボが雌雄同体なので，なおさらそうだと思われていたのですが，フクロムシの場合はちゃんと雌雄があったのです。

フクロムシにつかれたカニやヤドカリはどうなってしまいますか？

　ギョウ虫や回虫のような寄生虫は「いそうろう」で，大家さん（宿主）には迷惑をかけないように進化しています。宿主を弱らせたり，死なせたりすると共倒れになってしまいますから。フクロムシもカニの中腸腺から栄養を吸収しますが，その細胞を壊すことなくカニは生き続けます。では，カニにとっては迷惑ではないのでしょうか？　いいえ，カニはとんでもない大迷惑を受けているのです。なぜなら，フクロムシはただ栄養を分けてもらうだけでなく，宿主が繁殖に使うエネルギーをまるごと奪ってしまいます。これは寄生去勢と呼ばれていて，宿主は生きてはいるけれど，その遺伝子は絶えてしまい，生涯を寄生虫に奉仕する奴隷となってしまうのです。宿主も甲殻類ですから脱皮をしなくてはなりませんが，その脱皮周期はフクロムシの都合に合わせてコントロールされ，雄の宿主は脱皮を重ねるたびに形が雌に似てきます。雌のカニは腹部が広く，フクロムシを保護するのに都合がよいように見えます。さらに，カニはフクロムシを自分の卵のようにケアし，汚れたらきれいにします。フクロムシの幼生がふ化するときには，これを助ける行動をします（図26-2）。これは雌のカニが自分の幼生を放出するときとそっくりな行動ですが，寄生された雄のカニも同じ行動をします。胸部神経節に侵入したインテルナが，こうした宿主

図 26-2 フクロムシの幼生放出を補助する宿主
　幼生放出が近くなると，宿主のカニは隠れていた岩の下から出て直立した姿勢をとります（写真の場合，約 10 分間静止）。宿主は，放出が始まると腹部を開閉して幼生の拡散を促進します。この行動は雌のカニが本来の自分の幼生を放出する行動に似ていますが，写真のカニは雄です。

のコントロールに関わっていると考えられますが，詳しいメカニズムはわかっていません。

二枚貝から宝石のようなものが出てきましたが，何でしょうか？ question 27

Answerer 長澤 和也

答えはホタテエラカザリ（口絵8，図27-1，27-2）という生物です。鮮やかな橙色や黄色を呈して，平柿や玉のような形は，まさに宝石のように見えますが，そうではありません。

じつは，この生物はカイアシ類という仲間に属するものです。理科の実験で，池などで採集したプランクトンを観察した際，ケンミジンコという生物を見たことがある人がいるかもしれません。ホタテエラカザリは，このケンミジンコの仲間であり，カイアシ類と呼ばれる甲殻類の一群に属しています。

ホタテエラカザリは，その名前の通り，ホタテガイの鰓についていますが，偶然ではありません。じつは，ホテタガイの鰓に寄生して栄養を奪い取っている寄生虫なのです。二枚貝の体に乗っかって宝石のように見えるものがカイアシ類という生物というだけでも驚きですが，それが寄生虫であるとは二重の驚きですね。

この本では，エビ類やカニ類などに代表される甲殻類のことを解説しています。甲殻類はふつう，ハサミや数対の脚，長いヒゲのような触角をもっているのが大きな特徴です。しかし，ホタテエラカザリの体は丸く，表面が滑らかで，脚や触角などの突起は見られません。このため，ホタテエラカザリが最初に見つかった1970年代には，体形がよく似ているフクロムシ類の仲間とされました。しかし，フクロムシ類はエビ・カニ類に寄生しますが，二枚貝には寄生しません。そこで，このことに疑問がもたれ，1980年代に体の構造や幼生が詳しく研究されました。その結果，きわめて特異な形態をもつ新属新種のカイアシ類であることが明らかにされ，その論文は海洋生物学者を

図27-1 ホタテガイの鰓に寄生するホタテエラカザリ。大小さまざまなホタテエラカザリが寄生しています。最も大きな個体の体幅は約8 mm。

図27-2 ホタテエラカザリの雌成体（背面図）。雌の体内でふ化した幼生は，雌の背面にある小穴から水中に出てきます。

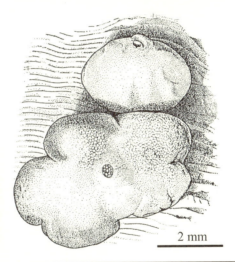

2 mm

とても驚かせました。近年はその遺伝子を解析することによって，ホタテエラカザリにやや近縁な仲間が二枚貝に寄生することもわかってきました。

　ホタテエラカザリの学名は *Pectenophilus ornatus* といいます。その由来について少し述べましょう。最初の単語（属名）は *Pecteno* と *philus* の合成語で，前者は「ホタテガイ」，後者は「愛

する」という意味です。また後方の単語（種小名）ornatus は「色鮮やか」を意味します。そう，学名は「ホタテガイを愛する美しい生物」という意味なのです。ホタテエラカザリはホタテガイの鰓を飾る鮮やかな「宝石」のように見えますので，このような学名が付けられたのです。生物学では生物の名前を示す際，学名が共通言語として用いられています。外国の研究者は，この学名を見て「美しい寄生虫とは？」とホタテエラカザリに思いを馳せることになります。

　さて，このように美しい名前をもったホタテエラカザリですが，先に記したように，実際にはホタテガイの寄生虫です。ホタテガイの鰓から血液を直接吸い取って生活しています。このため，多くのホタテエラカザリに寄生されたホタテガイは痩せてしまいます。和名や学名の意味するところと違って，ホタテエラカザリはホタテガイにとって恐ろしい吸血鬼なのです。

　ホタテエラカザリには興味深いことがまだあります。じつは，宝石のように見えるのは成体となった雌の体であって，その体内に小さな雄が宿り，卵の受精と発生も雌の体内で行われます。また，ふ化した幼生が雌の体背面に開いている小さな穴から飛び出してきます。他のカイアシ類では想像もできない繁殖様式です。しかし，その詳細は謎に包まれたままです。

　魚屋やスーパーなどで売っている新鮮なホタテガイにホタテエラカザリが寄生していることがあります。ホタテガイと一緒にホタテエラカザリを食べてしまうことを恐れる人がいるかもしれません。しかし，ホタテエラカザリは広い意味でエビ・カニ類の仲間。私たちには寄生しません。安心してください。

ハチやアリのような社会性のエビ・カニの仲間はいますか?

question 28

Answerer　朝倉　彰

　動物が集団で暮らす場合に，どのような内部構造をもつか，ということに関して「*社会性*」という言葉が使われます。このうち社会性のひとつの頂点として「*真社会性*」というのがあり，アリなどに代表されるように，繁殖する女王がいて，そのまわりを世話する働きアリがいて，外敵と闘う兵隊アリがいるなどの繁殖と労働の分業が行われているものです。この真社会性の定義としては，複数個体が共同して子育てをする，繁殖における分業があってとくに不妊の個体が繁殖個体を助ける，複数世代が共存すること，の3つを満たすものとされます。代表的な動物は，ハチ，アリ，シロアリ，アブラムシですが，近年，甲殻類で真社会性，あるいはそれに近い種が発見されています。

　ブロメリアガニは，子育てをするカニとして知られており Q33 参照，真社会性への途上の社会性をもっていることがドイツのルドルフ・ディーゼル博士により発見されました

図 28-1　ブロメリアの葉の根元にできた水たまりで子育てするブロメリアガニ (©Rudolf Diesel, 本人の許可を得て使用)。

ハチやアリのような社会性のエビ・カニの仲間はいますか？

（図 28-1）。このカニは，カリブ海に浮かぶジャマイカの固有種で森林地帯に暮らし，その生涯のほとんどをブロメリアの葉の上で過ごします。年に一度，春になると葉の根元にできた雨水のプールに，ゾエア幼生を放って育てます。このプールに，ゾエアの天敵となるヤゴ（トンボの幼虫）がいたり，ムカデや肉食性の昆虫などの肉食性の動物がいると，母ガニはこれを排除します。プールに落ちてくる落ち葉などを取り除いたり，炭酸カルシウムの豊富なカタツムリの殻を入れることで水が酸性になることを防ぎ，そのカルシウム分は，カニが成長するにあたってその甲らをつくるのにも役立ちます。最初に生まれた子供たちのなかから1匹ないし2匹の雌が，生まれたブロメリアにそのまま留まり，弟妹ガニの世話を手伝います。その間そのメスは，自らは繁殖することなく，母ガニの手伝いをします。

またツノテッポウエビの一種 *Synalpheus regalis* は，ハチやアリに近い真社会性をもつエビとして注目を浴びました（図28-2）。これはアメリカのウィリアム・アンド・メアリー大学のエメット・ダフィー博士によって発見され，1996年に新種として記載された種です。カリブ海の浅い海の，大型のカイメンに暮らしているのが発見されました。1つのカイメンのなかに大型で卵を産む女王エビと，カイメンのなかに複雑な巣穴をつくる小型の働きエビが多数いて，最大で313個体が1つのカイメンで暮らしていました。働きエビは，形態的には子供のエビの形をしていて性成熟はしていませんでした。またアイソザイム分析で調べた結果，そのコロニー内の働きエビたちは遺伝的にすべて両親が同じであることがわかりました。コロニー

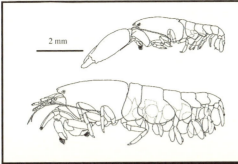

図 28-2 真社会性のツノテッポウエビの一種 *Synalpheus filidigitus*。上が働きエビ，下が女王エビ（Daffy and MacDonald (1999) Journal of Crustacean Biology 19 より改変）。

に他の動物の侵入者（たとえば他のエビやカニなど）がやってくると，働きエビたちは大きなハサミ脚をパチンパチンと鳴らして威嚇します。このとき侵入者が逃げなければ，さらにハサミ脚を鳴らし，これがコロニー内の他個体がハサミを鳴らすことを誘発し，侵入者が逃げるまで続きます。この種は，*直接発生*といって親の形に似た子供が生まれてきます。通常のテッポウエビでは子供はプランクトン性の幼生となって親元から離れていきますが，この種では常に親子関係がカイメンのなかで緊密に保たれています。

こうした真社会性のツノテッポウエビは，大西洋のカリブ海から現在まで 6 種が発見されていますが，最近になって太平洋のインドネシアからも 3 種発見されました。

なぜシャコは水中ですごい パンチを繰り出せるの？

question 29

Answerer　加賀谷 勝史

　寿司ダネとしてのシャコが，じつは高速パンチの使い手ということを知っていますか？　貝殻を割ったり，巣穴をめぐって争ったり，巣づくりにもその能力を活かしています。最もシャコパンチを得意とする，打撃型と呼ばれるシャコは主に東南アジアの温暖な珊瑚礁のある浅瀬に生息しています。打撃型を例に，シャコパンチのしくみについて紹介します。

　パンチは肉眼ではとても見えません。実際はパチンという音と，飛び散る破片でパンチがあったことがわかるだけです。この「はやさ」を理解する鍵は，物理学での*パワー増幅*という概念です。

　パワー増幅を理解するには弓矢のたとえがいいでしょう。矢を弓にひっかけ，腕の筋肉で弓をしならせる。そして矢を離せば，しなった弓は一瞬でもとにもどります。その復元を利用することで，単に腕で投げるよりも遠くへ矢を飛ばすことができます。この過程を，しならせる部分と，もとにもどる部分の2つに分けましょう。前半は，弓に対して働きかけてエネルギーを蓄積します。後半ではエネルギーが開放されます。前半に比べて後半は時間が短縮しているのがポイントです。パワーとは単位時間あたりの仕事のことです。すると，弓に与える仕事と弓が返す仕事がほぼ同じと考えれば，前後半で時間が短縮しているのでパワーが増幅しているというからくりです。

　さらに，弓矢のたとえに対応させながら，シャコパンチを支える骨格構造の詳細を見ていきましょう。

　シャコはマウスパーツすなわち口器が発達しています。エビやカニの十脚類と異なり「口脚類」と呼ばれるゆえんです。全

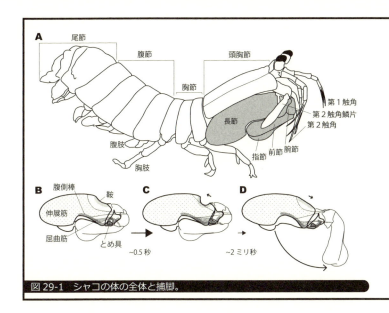

図 29-1　シャコの体の全体と捕脚。

部で5対ある口脚のうち，2対目がパンチ専用に特化しており，*捕脚*といいます（図29-1A）。弓矢のたとえで，鞍と腹側棒には弓，指節には矢，指節の基部にあるコブ状にふくらんだ*指節踵*（パンチの拳）には矢尻が対応します（図29-1B〜D）。

とくに大事なのは，弓としての鞍と腹側棒（図29-1B）です。鞍は背側にあって，文字通り鞍のような構造をしています。腹側棒はあまりしならず支えとなって，鞍がバネとしてしなります。主に，この鞍と腹側棒が外骨格バネとしてパワー増幅の一翼を担います。

もうひとつは，弓を引き，動きを留めておく指に対応するものです。それは捕脚前節のなかにある止め具構造です。屈曲筋の接続しているクチクラ内突起が一部肥厚・硬化しています（図29-1B）。ここが外骨格内側の隆起した部分とかみあうことで指の役割を果たします。このように，外骨格バネと止め具によっ

てパワー増幅のからくりが実現しているわけです。

ところで，パンチのインパクトにシャコの拳は耐えられるのでしょうか？　たしかに，指節踵は特殊な構造をしています。しかし，しばしばシャコの捕脚には明確にダメージが蓄積しています。数ヶ月に一度程度の脱皮で修繕されますが，シャコパンチは威力とともに危険をともなうのです。

何らかの方法でこのダメージによるリスクを回避しなければ，餌が食べられずに餓死してしまいます。どのようにリスク回避を実現するかはまだ明らかになっていません。しかし，パンチ速度が神経系によってコントロールされていることが判明しています。パンチ速度が調節できれば，ダメージを減らせる可能性が高くなります。今後，シャコが「手を抜く」しくみが明らかになることが期待されます。

熱いところでも平気な，温泉好きのエビやカニっているの？

question 30

鈴木　廣志

答えは「はい，います」です。

1976年にガラパゴス近海で熱水噴出孔（とうこう）の一種であるブラックスモーカーが発見されてから，ケルマディック島弧の近海，沖縄トラフ海域，マリアナ海溝など，多くの海域で熱水噴出孔が発見され，物理化学的調査や生物相が調べられてきました。噴出孔の直上の水温は数百℃に達していますが，深海の水温が2℃と低いため数cm離れただけで数十℃に激減します。

この熱水噴出孔の周辺には，オハラエビの仲間，ゴエモンコシオリエビ，そしてユノハナガニが棲んでいます（図30-1）。これらのエビやカニはさすがに数百℃になる噴出孔直上にはいません。オハラエビの仲間は噴出孔よりもやや離れた場所に多数いますが，ゴエモンコシオリエビはとくに水温の高いところを選ぶわけではなく，いろいろな場所に散らばって棲んでいます。これらに対し，ユノハナガニは噴出孔周辺の比較的温度の高いところ（30℃あたり）に集まることが知られています。これらのエビ，カニのなかではユノハナガニが温泉好きのカニといえます。

ところで熱水噴出孔は数百m，数千mといった深海にあって，私たちが直接行きこれらのエビ，カニを見ることはできません。でも，火山の多い日本には温泉も多く，この温泉は陸上だけではなく海中にもあります。じつは，この海中温泉にだけ棲んでいるカニがいます。

1973年に小笠原諸島西之島近海の海底火山の噴火で生じた，西之島新島における調査（1974年に実施）で発見されたニシノシマホウキガニがそうです。その後，1993年に小笠原諸島

の北硫黄島周辺と十島村悪石島からニシノシマホウキガニの生息が報告され，2000年に台湾北東部の亀山島周辺からタイワンホウキガニ（仮称）が，2007年にはニュージーランド・ケルマディック諸島周辺から*Xenograpsus ngatama*が発見されました。また，2014年には十島村硫黄島東方の昭和硫黄島からタイワンホウキガニの生息が報告されました。また，同時に悪石島に生息するニシノシマホウキガニもその遺伝子型からタイワンホウキガニであることが明らかにされました（図30-2）。これらホウキガニの仲間は水深200mから潮間帯下部までの比較的浅いところに棲んでいます。棲んでいる場所の水温や地温は30〜50℃で，彼らは本当に温泉が好きなカニのようです。

　ユノハナガニやホウキガニの仲間が，なぜ水温や地温の高いところに棲んでいるのかはまだ明確にはわかっていません。飼育観察結果から，サイズの大きいユノハナガニでは熱源に近い個体は生存期間が長いことや，摂餌後に熱源に集まる個体が多いことや絶食時には熱源に集まる回数が減ること，さらに消化活性能力と生息温度とに正の相関がみられることなどから，消化酵素が関係しているのではないかと考えられています。

　また，タイワンホウキガニでは雄では熱源とは関係なく活動しているのに対し，雌では比較的熱源に近づく傾向が示されており，生殖と関係している可能性も考えられます。とにかく，これらのエビ，カニは高温という特別な環境をうまく利用しているおもしろカニたちのようです。

図 30-1 熱水噴出孔の周辺に集まるユノハナガニやゴエモンコシオリエビ（提供：JAMSTEC）。

図 30-2 海中温泉や火山性噴気の噴出している海域に棲むタイワンホウキガニ。海中では硫黄バクテリアを身に着けています（右）。

エビがハサミを殻のなかに入れていることがありますが、どうして？

question 31

Answerer　鈴木　廣志

　答えは「鰓を掃除しているところ」です。

　水槽で飼育しているヌマエビの仲間やテナガエビの仲間をよく観察していると、ハサミや後ろの方の足をせわしなく動かし、体のいろいろな場所をこすっていることに気が付くと思います。これはグルーミングと言って、体の表面を掃除しているのです。そして、時々甲ら（*頭胸甲*といいます）のなかにハサミや足を差し入れているのを見ると思います。これは、甲らのなかにある鰓を掃除しているのです。

　Q36で詳しく説明しますが、エビの仲間も鰓で呼吸をしています。酸素を豊富に含む新鮮な水（*呼吸水*）は、鰓の上部に位置する顎舟葉という付属器官のバイブレーション運動で、甲らの腹側、足の付け根のところから入ってきます。そして、鰓の周辺を通りながらガス交換をして、鰓の上部の溝に集められたら前方の口から出ていきます。この呼吸水がいつもきれいで、酸素などエビにとって必要なものだけがあれば問題はないのですが、多くの場合呼吸水のなかには泥粒子などの汚染物質や寄生生物の卵などが入っていることがあります。これらが鰓に付着すると、鰓が損傷を受けたりしてその機能を十分に発揮できなくなり、最悪の場合一部の鰓が壊死してしまいます。そのため、これら汚損物質を鰓から除去する必要があるのです。

　幸い、カニの甲らとは違ってエビの甲らの腹側は開いているので、汚損物質を取るためにハサミや足を入れてブラッシングをすることができます。このブラッシングのことを*能動的鰓掃除*と言い、汚損物質を効率よく取るためにハサミには細かい毛の束があったり、足の内側には短い毛が櫛歯状に並んでいます

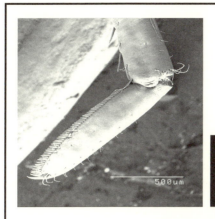

図31-1 ヌマエビ類の足の先端節(指節)の電子顕微鏡写真。内側に短い毛が櫛歯状に並んでいます。

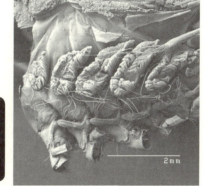

図31-2 ヌマエビ類の鰓室の電子顕微鏡写真。鰓を掃除するための長い毛が顎舟葉の末端や足の付け根から生えています。

図31-3 フタバカクガニの鰓室を露出したところ。弓状の半透明の副肢が鰓の背面(向かって左)や腹面(向かって右)に位置します。

31 エビがハサミを殻のなかに入れていることがありますが、どうして？

（図31-1）。ブラッシングだけではなく，足の付け根から*副肢*という糸状の*付属肢*や，顎舟葉の末端には長い毛の束があって，これらも鰓を掃除する役目を持っています（図31-2）。生物の形とはうまくできたものです。

　カニやヤドカリたちはどうかというと，ヤドカリの仲間やアサヒガニ，クモガニの仲間など甲らの密閉度がゆるいものは，甲らの後ろ側を少し上げて（ライトバンのチルトアップ状態と同じです）鰓室につながる隙間をつくり，ここから最後の足を入れてブラッシングをします。ただ，後ろの足だけでは鰓室の前の方に位置する鰓には届きませんから，前の方の鰓は副肢という付属器官の動きで掃除がされます。この副肢は口を形成する複数の付属肢に付いていて（図31-3），摂餌や呼吸のために口を形成する付属肢が動くと掃除をすることになるので，*受動的鰓掃除*と言われています。よく見かけるサワガニの仲間やベンケイガニの仲間など甲らの密閉度が高いものでは，甲らがほとんど開いていませんし，甲らの隙間もないので，ハサミや足を使った能動的鰓掃除はできず，すべて*受動的鰓掃除*で大切な鰓を守っています。除去の効率から見れば，受動的鰓掃除よりも能動的鰓掃除の方が多少上のようです。甲らを固くし，身を守ることに力を注いだために，鰓の掃除では少しデメリットが出てしまったようです。物事すべてうまくいくとは限りませんね。

エビやカニってどこに卵を産むの？

question 32

Answerer 大富 潤

　私たち人間やゾウ，イルカなど，哺乳類のお母さんは赤ちゃんを産みますが，エビやカニは多くの魚類や鳥類などと同様に卵を産むことで子孫を増やします。エビもカニも節足動物門・軟甲綱・*十脚目*の動物です。十脚目はエビ目とも呼ばれ，*根鰓亜目*と*抱卵亜目*に分かれます。エビ・カニの仲間は２つの亜目のどちらに属するかで，卵を産む場所が違うのです。

　根鰓亜目はクルマエビ亜目とも呼ばれ，代表種はクルマエビです。ほかにはブラックタイガーという別名で知られるウシエビ，駿河湾特産のサクラエビなどを含みます。根鰓亜目という名前の由来は，例外もありますが鰓の構造が木の根っこに似ていることです。この仲間の雌は，受精卵を水中に放出します。産出された卵は水中を漂いながら，あるいは海底で，胚発生が進み，ノープリウスという段階でふ化します。ふ化した幼生はプランクトンとして水中を浮遊し，変態をくり返したのちに親と同じ姿になります。

　根鰓亜目には私たちになじみのある水産上有用なエビが多く含まれますが，じつは少数派で，エビの大部分の種は抱卵亜目に属します。さらに，カニとヤドカリの仲間はすべての種が抱卵亜目に属するのです。抱卵亜目はエビ亜目とも呼ばれるので，カニもヤドカリもエビの仲間という解釈もできます。

　抱卵亜目の雌は，受精卵を自分の体に産み付けます。エビの体はいわゆる「あたま」の部分とその後方の部分に大きく分けられ，前者を頭胸部，後者を腹部と言います。カニでは甲らが頭胸部で，俗に「ふんどし」と呼ばれる甲らの腹面に折りたたまれている部分が腹部です。腹部には腹肢と呼ばれる脚があり，

雌は腹肢に受精卵を付着させて幼生がふ化するまで保護するのです。

根鰓亜目が水中に放卵するのに対して，抱卵亜目は雌が抱卵するのです。奇しくも（?）どちらも「ほうらん」ですが，抱卵亜目はノープリウスよりもさらに進んだゾエア，あるいはそれ以降の段階でふ化します。そのため，より多くの栄養が必要で，多量の卵黄を含んだ大きな卵を産みます。そのかわりに産卵数は少なくなってしまいます。つまり，根鰓亜目は「小卵多産」に，抱卵亜目は「大卵少産」になる傾向があります。たとえば根鰓亜目のナミクダヒゲエビ（クダヒゲエビ科）は一度の産卵で直径 0.3〜0.4mm の卵を 10 万〜38 万個，ヒゲナガエビ（クダヒゲエビ科）は直径 0.3〜0.6mm の卵を 9 万〜30 万個産みます。一方，抱卵亜目のヒメアマエビ（タラバエビ科）は長径 0.8mm 短径 0.5mm の卵を 2000〜5000 個，ホッカイエビ（タラバエビ科）は長径 2.3mm 短径 1.6mm の卵を 300〜400 個しか産みません。

どちらの亜目に属するにせよ，エビやカニの多くはふ化後しばらくの間プランクトンとして浮遊生活を送ります。たくさんの幼生が同じ場所にとどまると，エサなどの生活に必要なものを十分に分け合えないため，水中を漂って分散しなければならないのです。ところが，抱卵亜目には例外的な種がいくつかいます。サワガニもその一つで，ふ化した段階ですでにカニの姿をしています。これを*直接発生*といい，浮遊生活期を持たない繁殖様式です。卵の大きさは直径約 2mm と非常に大きく，一度に 40〜90 個しか産みません。サワガニは一生を淡水域で過

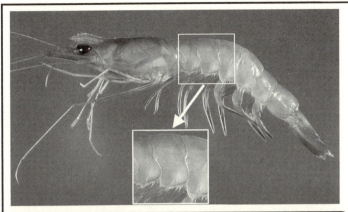

図32-1 根鰓亜目のエビでは前から2番目の腹節は前方の腹節の内側に入り，後方の腹節の外側に出ます（写真はヒゲナガエビの雌，体長11cm）。

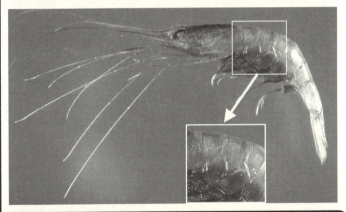

図32-2 抱卵亜目のエビでは前から2番目の腹節は前後両方の腹節の外側に出ます（写真はヒメアマエビの抱卵した雌，体長7cm）。

ごすカニです。流れのある河川でプランクトンとして浮遊していたら海まで流されてしまうかもしれませんので，これはとても理にかなった繁殖様式と言えます。

最後に，根鰓亜目のエビと抱卵亜目のエビの見分け方につい

て述べましょう。抱卵している雌はすぐに抱卵亜目とわかりますが，未抱卵の雌や雄でも体のある部分を見れば識別できるのです。エビの腹部はしっぽ（尾節）を含めて7つの節に分かれています。体を曲げるとき，根鰓亜目では隣り合う2つの腹節のうち後方の節が前方の節の内側に入る形で重なります（図32-1）。ところが抱卵亜目では，前から2番目の腹節だけは前後両方の節の外側に出るのです（図32-2）。これは雌雄共通ですが，雌の成体に限ってこの部分がとくに大きくなる種もいます。できるだけ多くの卵を産み，しっかり保護するためです。見慣れないエビを手に入れたら，まずは前から2番目の腹節を観察してみましょう。そうすれば放卵する根鰓亜目のエビなのか，抱卵する抱卵亜目のエビなのかがわかりますよ。

子守りをするエビやカニっていますか?

question 33

Answerer 和田 恵次

　エビ・カニの多くは，卵を一定期間体に抱き，卵から幼生がふ化するとそこで子守りはなくなってしまうのがふつうです。しかし淡水性のアメリカザリガニやサワガニでは，卵から成体と同じ形をした稚エビや稚ガニが卵からふ化するという*直接発生*の特性をもっており，その場合は，稚エビや稚ガニをしばらく体に付けて保護することが知られています。エビやカニといった十脚甲殻類ではありませんが，ヨコエビ，ワレカラ，ワラジムシといったフクロエビ類は，直接発生をするのがふつうで，これらの種には淡水産でなく，海産のものであっても，親が幼体をしばらく保護するものがいます。海藻に付着して生活するワレカラ類では，母親が自分の子を自分の体に付けて保護

図 33-1　稚ガニを抱くサワガニの雌。

したり，近辺にはべらせて守ることが知られています。アフリカ北部の砂漠地帯に生息するワラジムシの一種 *Hemilepistus reaumuri* という種では，雌雄とその幼体が一緒に巣穴内で暮らし，両親は幼体に餌やりなどの子守り行動をすることが知られています。

アメリカザリガニやサワガニの雌は，腹節に子を抱えて保護します（図33-1）が，その子は母親にずっと付いているわけではなく，時々母親から離れることがありますが，危険があるとすぐに母親の腹節にもどります。アメリカザリガニの場合は，母親からのフェロモンが母親認知に利いていますが，自分の母親と他人の母親との区別はできないようです。アメリカザリガニもサワガニも，同種個体を共食いすることがありますが，子を抱いている雌は，この共食いは抑えられていて子を食すようなことはありません。また子を抱いている雌は，抱いていないときよりも，他個体に対する防衛行動が激しくなることもアメリカザリガニで知られています。

直接発生でなく浮遊幼生をふ化させるのに，母親が，浮遊幼生から稚ガニまでの世話をするというカニが，中央アメリカ・ジャマイカの森林にいます。イワガニ上科ベンケイガニ科のブロメリアガニという種で，母親は，パイナップル科植物の葉腋（ようえき）の水たまりで子の世話をします。母親は水たまりを掃除したり，外敵を追い払ったり，餌を子に分け与えたりといった世話をします。水たまりのpHを高く維持するため，カタツムリの殻を運び込むという行為もします。このカニの母と子を，同じ植物体の別々の葉腋に引き離すとどうなるかという実験がなされま

した。なんと，子が葉腋から移出できないメガロパ幼生の場合は，母親が，子のいる葉腋にもどり，子が葉腋から移出可能な稚ガニの場合は，子が，母親のいる葉腋に移ったのです。子は母親の世話を求め，母親はまた子の世話を求めているという親子の絆を見ることができるのです。

　血縁関係がなくても子が成体の体や巣穴を棲みかにするという現象も，間接的な子守り行動と言えましょう。南米のペルーやチリの沿岸に分布するカニダマシ類の *Allopetrolisthes punctatus* という種では，稚ガニが成体のハサミ脚や歩脚に付いて保護されることが知られています。また干潟で巣穴を掘って生活するチゴガニでは，稚ガニが成体の巣穴に居候することがあります。

干潟のカニは砂や泥を食べているの？

question 34

Answerer 鈴木 廣志

答えは「いいえ」です。カニたちは、種や棲み場所が違えばその食べ物もたいへん違ってきます。プランクトンを餌とするものもあれば、二枚貝や巻貝などの殻を壊して中身を食べるものもいます。ときには魚や同じカニを捕まえて食べるものもいます。干潟に棲んでいるカニたちの食べ物もさまざまで、アシハラガニやベンケイガニの仲間は肉食や肉食性の雑食ですし、ハマガニは食植性の雑食です。一方、河口の干潟でたくさん見られるコメツキガニやシオマネキの仲間は、一見、砂や泥を食べているように見えますがそうではありません。

彼らは、潮が引くと巣穴から出てきて、ハサミを上手に使って周囲の砂や泥を食べているように見えます。しかしあれは砂や泥を食べているのではなく、砂粒や泥粒の表面に付着している珪藻（植物プランクトンの一種）やバクテリア、あるいは砂粒、泥粒の間に堆積した有機物（生物の体が細かく分解されたもの）（口絵9）を食べているのです。彼らのように堆積した有機物や、堆積物の間にいる微生物などを食べる動物を*堆積物食者*（英語ではデポジットフィーダー）と言います。ただ、堆積物食者であってもヤマトオサガニやシオマネキのように、時として魚の死骸や腐肉を食べるものもいます。堆積物だけではお腹がいっぱいにならないのでしょうね。

ところで、コメツキガニやシオマネキのハサミの先を顕微鏡や虫眼鏡でよく観察すると、スプーン状になっているのがわかります（図34-1）。これは*摂餌*ハサミとも呼ばれ、砂や泥を効率よくとるためといわれています。コメツキガニやチゴガニでは、雄も雌も同じような形、大きさをしたハサミを持っていま

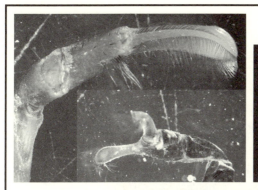

図 34-1 シオマネキ類の雌のハサミの先端。先端はくぼんでいて（下），ハサミを閉じるとスプーンやお玉のような形になります（撮影：松岡卓司）。

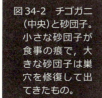

図 34-2 チゴガニ（中央）と砂団子。小さな砂団子が食事の痕で，大きな砂団子は巣穴を修復して出てきたもの。

す。しかし，シオマネキの仲間では，雄は雌とは違って片方のハサミは異常に大きなハサミになっています。この大きなハサミは摂餌には使えないので，雄と雌の摂餌速度，摂餌能力は両方のハサミが使える雌の方が高いように思えます。でも，実際の摂食量を量ってみると，雄と雌との差はほとんどなく，自然界はうまくできているようです Q4 参照。

カニたちはこの摂餌ハサミを使って，底質の一部，すなわち餌の混じった泥や砂をすくい取って口に入れます。次に水を口のなかいっぱいにあふれさせ（おそらく鰓室にある呼吸水を利

34 干潟のカニは砂や泥を食べているの？

用していると思われます)、餌となる軽い物質を、食べられない泥や砂などの重い沈殿物から分離し浮かせます。そして、口のなかにある短い毛の列で餌と泥や砂とを選り分けて、泥や砂は丸めて口から出すのです。なんともうまくしたものです。この口から丸められて出された砂や泥が砂団子と呼ばれるものです。潮が引いてから1時間もすると干潟一面砂や泥の小さな団子で敷き詰められるのは（図34-2）、カニたちの食事の後というわけです。海水が満ちてくると、この砂団子にまた珪藻やバクテリアが増え、カニたちの餌となります。カニたちは干潟の砂や泥を畑のように使っているのです。うまくできたものですね。

　ところで、砂の干潟と泥の干潟では棲んでいるカニの種類も違いますが、彼らの摂餌時の行動範囲も違います。砂地にいるシオマネキの仲間は、せかせか摂餌ハサミを動かしながら、広い範囲を動き回って餌を食べます。一方、泥地にいるチゴガニなどは摂餌ハサミをせかせか動かしていますが、あまり動き回らずに一か所に留まって餌を食べます。これは、泥地の方が砂地よりも堆積している有機物や付着珪藻など餌の量が多いため、動き回らなくても十分餌を得られるからです。食事はゆっくりいただきたいものですね。

エビやカニは音や味とかを感じるの？

question 35

 小西 光一

　音については，ヒトが耳を通して得ているような，聴覚に当るものはないと思われます。コメツキガニの歩脚には，外観が似ているので"鼓膜"と呼ばれているものがありますが（図35-1），これで音を聴いているという証拠はまだありません。未だもって何のための器官かはわからないのですが，最近の研究から呼吸時のガス交換に関わっているのではという説もあります。ただよく考えてみれば，音とはヒトや昆虫などの陸上動物にとっては空気中を伝わってくる振動です。水中でのその個体に向かってくる振動の感知ということであれば，第2触角をはじめ体表に分布する感覚器官により，受け取っています。水中でも空気中とは速度などは異なるものの，振動は伝わりますので，この意味では"音"を聴いていることになります。水中で暮らす魚たちは側線という器官を持っていますが，甲殻類ではまだこの機能に当たるものは確認されていません。ちなみに

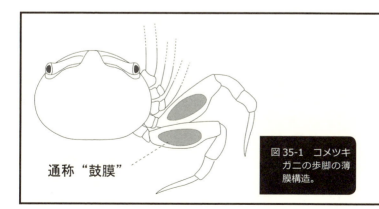

図35-1 コメツキガニの歩脚の薄膜構造。

通称"鼓膜"

35 エビやカニは音や味とかを感じるの？

　ヒトなどの耳は単に音を聴くだけでなく，身体のバランスをとるための平衡感覚の場でもあります。こちらの意味では，エビ・カニでは第1触角の付け根のあたりに，ちょうどヒトの三半規管に似た平衡器（*平衡胞*，図35-2）をもっていますので，こじつけになりますが，耳の機能の一部はあると言えないこともありません。なお，アミ類のように尻尾のところにも平衡器をもつ種類もあります。

　味の方は，食物からの化学物質の有無を感知するという意味ならば，触角をはじめとする，口のまわりの付属肢に生えている感覚毛で感じているといわれています。ただし，どのように味を区別しているかはわかりません。また，化学物質とか物理的な圧力を感知するということならば，体中にある剛毛状，あるいは微小な凹み状のセンサーで行っています（図35-3）。なお，匂いについては第1触角で感じています。

　ついでながら，もう一つの大事な感覚である視覚を考えてみます。甲殻類の視覚は小さな*個眼*が束ねられた複眼システムによるものです。ただ，小さな個眼の画像が集められた，ファイバースコープの画像のように視えているわけではなく，広い角度で拡がっている多数の個眼で明暗と動き，その方向をすばやく察知して行動を起こすというのが実態のようです。つまり，ヒトのように視覚を含めた情報が一度脳に送られ，過去の記憶データと照合しつつ解析され，その後で判断が下されて各器官に指示が送られるというシステムではありません。そもそも脳神経系はヒトとは異なり，ハシゴ形神経の神経節がくっついたもので，いわば直行型の情報処理であり，反応の速さを優先し

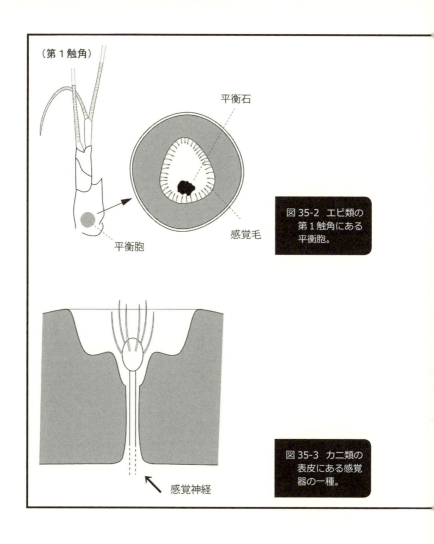

図 35-2 エビ類の第1触角にある平衡胞。

図 35-3 カニ類の表皮にある感覚器の一種。

ているように思えます。なお，眼ではありませんが光を感じる器官は腹部にもあります。

　ここまでの話で，うすうすお気づきになっているかもしれませんが，エビ・カニのことに限らず，ヒト以外の生き物で感覚

105

35 エビやカニは音や味とかを感じるの？

の話をするときに気をつけておきたいことがあります。それは，あまり安易にヒトが自らの感覚になぞらえてしまうのは，時として大きな問題があるということです。つまり同じ場所での同じ音，色，匂いや味であっても，ヒトはヒトなりの脳神経系を介したデータ処理システムがあるように，エビやカニには小さな脳，というよりは神経節を介したシステムがあり，それぞれに独自の世界（環世界）があって生きていることを忘れるべきではありません。どうも哲学的な話になってしまいましたが，このことについて，かつてアメリカの科学哲学者のトマス・ネーゲルは「コウモリであるとはどのようなことか？」という有名なことばで問いかけをしています。

エビ・カニの仲間はどうやって呼吸していますか？

question 36

Answerer　鈴木 廣志

　答えは「魚と同じく鰓で呼吸している」です。
　エビ，ヤドカリ，カニの鰓は，甲らの内側の*鰓室*と呼ばれる空間の，*付属肢*（口を形成する器官や足の総称）の付け根から背中にかけた部分にあります（図36-1）。この鰓は付属肢に付いている*副肢*が変化したもので，1つの付属肢に対して1～3個確認できます。鰓室にはおおむね6～8個の鰓が並んでいて，その上部には口につながる溝があります。
　これらの鰓を使って呼吸をするわけですが，そのためには常に新鮮で酸素の豊富な水を鰓に供給しなければなりません。それを可能にするために，エビ，ヤドカリ，カニたちは触角の後ろで，鰓室上部の溝にある第2小顎の付属部分（*顎舟葉*と呼

図36-1　クルマエビの鰓室を露出させたところ。白い房が鰓，その上に溝と顎舟葉が見えます。

びます)のバイブレーション運動によって水流を起こします。つまり,顎舟葉が上下にすばやく小刻みに動くと鰓室上部の溝の水は口から外に押し出されます。これにともない,今度はこの溝に向かって,甲らの腹側と付属肢の付け根との間から外の新鮮な水が鰓室に入ってきて,鰓の周辺を通り流れていきます。この顎舟葉の運動は生きているクルマエビを横から見ると観察できます。

このようにエビ,ヤドカリ,カニの仲間は鰓呼吸をするので,基本的な生活の場は水中です。しかし,ご存知のように陸で生活しているヤドカリやカニの仲間もいます。ヤシガニやオカガニの仲間です。彼らの生活の場である陸域はそう簡単に水を得られるわけではないので,彼らはその鰓室の内側の体壁構造を肺のような構造に変化させ,鰓は鰓室の後方に縮小させています。そのため外から見ると他のカニよりもはるかにふくらんでいるのがわかります(図36-2)。彼らは,水中から陸上へと棲む場所を変えるために体に大変な変化をさせ,そして成功したのですね。

ところで,鰓の形にはいくつかあり,鰓の中心(*鰓軸*と言います)の両側に多数枝分かれした管(*鰓糸*と言います)が並ぶ*根鰓*,鰓軸のまわりに細かな鰓糸が並ぶ*毛鰓*,そして鰓軸の両側に三角形をした扁平な葉状のものが一列に並ぶ*葉鰓*があります。また,鰓の付いている場所によっても名前が違っていて,付属肢の付け根の節(*底節*という)についているものを*脚鰓*,付属肢と体の関節部分についているものを*関節鰓*,そして関節鰓よりも背中側の体壁についているものを*側鰓*と呼んでいます。

図36-2 ホモラの仲間（左）とミナミオカガニ（右）。

図36-3 フタバカクガニの鰓室を露出し，横から見たところ。鰓は体壁から生えています。

　クルマエビの仲間が持つ鰓の形状は根鰓で，関節鰓と側鰓の両方が，もしくは関節鰓が主になります。タラバエビやテナガエビなど多くのコエビの仲間では葉鰓を持ち，関節鰓と側鰓の両方を持つものもありますが，側鰓が主流になります。また，コエビの仲間のオトヒメエビやザリガニの仲間は毛鰓を持っています。ヤドカリやカニの仲間は毛鰓もしくは葉鰓を持ち，側鰓が主流のようです（図36-3）。このようにエビ，ヤドカリ，カニの仲間たちは，大きなグループごとに形の違った鰓を共有し，共通した場所につけて呼吸に使っているのです。

海底に潜ったままで呼吸ができるエビがいるって本当？

question 37

Answerer 大富 潤

　エビには"ヒゲ"がありますよね。"ヒゲ"とは，じつは*触角*のことです。エビと同じ節足動物の昆虫には触角が1対しかありませんが，エビには2対の触角があります。細くて長い，よく目立つ"ヒゲ"は*第2触角*です。エビの顔をよく見ると，目の前方にも短い"ひげ"があります。これは*第1触角*で，左右1本ずつなのですが，それらの付け根の付近を除いた大部分（*鞭状部*）が松の葉っぱのように2本に分かれています。つまり，全部で4本になります。

　触角は，何かに触れたり水が振動したときにそれを感知する，あるいは臭いを感じる感覚器官としての役割がよく知られていますが，それ以外のことにも触角を使っているエビがいるのです。海中を泳いでいるエビや岩陰に隠れているエビ，海底を歩き回っているエビなど，エビにはいろいろな生活様式のものがいますが，敵から身を穏すために海底の泥のなかに潜る習性をもったものがいます。エビは魚類と同様に*鰓呼吸*で，水中の酸素を取り込みますが，エビの鰓は"あたま"と呼ばれる*頭胸甲*のなかにあります。泥に潜っていては呼吸がしにくいですよね。でも，いちいち泥のなかから息つぎのために出てきたのでは敵に食べられてしまうかもしれません。人間でいえば，水中メガネをつけて海のなかをのぞいているとき，せっかくきれいな魚を見つけても息が続かなくて顔を上げ，もう一度海のなかに顔を突っ込んでも，魚はもうどこかに行ってしまっていることってありますよね。そのような目にあわないために使うのがシュノーケルですが，生まれながらにしてシュノーケルを持っているといっても過言ではないエビがいるのです。それは，クダヒ

図 37-1 ナミクダヒゲエビ。

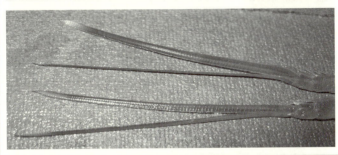

図 37-2 ナミクダヒゲエビの第1触角。

ゲエビの仲間です。クルマエビ上科・クダヒゲエビ科・クダヒゲエビ属のエビは，海底の泥のなかに居ながらにして呼吸ができるのです。

　インド－西太平洋の水深 130〜400 m の大陸棚から陸棚斜面にかけて生息するナミクダヒゲエビ（図 37-1）は，「このエビを狙った漁業があるのは世界中で鹿児島湾だけ」というめずらしくておいしいエビですが，とても長い第1触角をもっています。左右合わせて4本ある第1触角の鞭状部は平べったく，断面が「へ」の字になっています（図 37-2）。これらを束ねて伸ばすと象の鼻あるいは蚊の針のような印象になりますが，

「へ」を90度ずつ回転させながら4本束ねると「◇」となりますね。つまり，なかが空洞の管になるわけです。図37-3は束ねた第1触角を付け根の方から見た写真ですが，管になっていることがわかります。実際に泥のなかに潜っているようすが図37-4です。体は海底の泥のなかですが，束ねた第1触角を海中に出して，酸素を含んだ海水を鰓に送って呼吸しているのです。

　ところで，エビ反りという言葉がありますよね。しかし，多くのエビはそれほど大きく体を反ることはできません。そんななか，ナミクダヒゲエビは90度以上，つまり鋭角になるまで体を反ることができるのです。2006年のトリノオリンピックで金メダルを獲得した荒川静香選手は，体を大きく反るイナバウアーで有名ですが，ナミクダヒゲエビも負けてはいないのです。でも，ナミクダヒゲエビにとってイナバウアーはどのような意味があるのでしょうか？　体を大きく反ることで，第1触角を海中に出した状態でより深く海底に潜ることができるのです。荒川選手は人々を魅了するイナバウアーですが，ナミクダヒゲエビは自らの命を守るイナバウアーなのです。

　もうおわかりですよね，なぜクダヒゲエビという名前になったのか。触角，つまり"ヒゲ"を束ねて「管ヒゲ」を作ることから，クダヒゲエビと命名されたわけです。

図37-3 付け根方向から見たナミクダヒゲエビの束ねた第1触角。

図37-4 泥に潜り，第1触角を海中に出しているナミクダヒゲエビ。

カニはどうして泡をふくの?

question 38

Answerer 鈴木 廣志

答えは「呼吸のための水分が減ってきたから」です。

カニは鰓室(さいしつ)にある鰓で呼吸をしています Q36参照。呼吸のために必要な水は,エビなどと同じで甲らの腹側と足の付け根との間にある隙間から入ってきて,そのあと鰓室内の鰓(えら)の周辺を通って,前方の口から外に出ていきます。このことを*呼吸水循環*と言い,新鮮な水が鰓の周辺を通るときに,ガス交換やイオンの吸収などをしているわけです。

水中にいるときは常に新鮮な水がカニたちのまわりにあるので,口から水を出してもその分また新しい水が入ってきて,*呼吸水の循環はスムーズに行われます*。しかし,そのカニを水中から出してしまうと,口から出る水に対して新しい水の供給は途絶えてしまいます。こうなると呼吸水がなくなってしまいますから,すぐに窒息してしまいます。そこで,すぐに窒息しないようにカニたちの呼吸水循環にはちょっとしたしくみが施されています。

口から出た水は,水中ではすぐに体から離れていきますが,カニが水中から出されたときには,口から出た水の一部は頬に当たる部分から甲らを伝って足の付け根の隙間へと移動し,再び甲らの腹側との間から鰓室に入っていくようになっています(図38-1)。この頬から甲らを伝っているときに,大気中の酸素を取り込んで呼吸に使っていくのです。しかし,同時に水分の蒸発も起きてしまい,口から出た水の再利用をくり返していくと徐々に呼吸水の粘性が高まっていき泡を形成してしまいます。これが,カニの泡吹きと呼ばれるものです。水中で生活している多くのカニたちは,甲らと足の付け根との隙間がけっこ

図38-1 クロベンケイガニにおける呼吸水循環の模式図。白線が呼吸水の動き。

う広くかつゆるいので、鰓室内の呼吸水が漏れ出しやすいですし、その再利用の効率もよくありません。ですから、すぐに泡をふいてしまう状態になります。

これに対し、コメツキガニの仲間やシオマネキの仲間、またベンケイガニの仲間たちは、その生活の場を干潟や陸域に変化させたので、鰓室のなかに取り込んだ呼吸水の再利用をより効率よくするように体を変化させています。つまり、鰓室から呼吸水の漏れ出しを防ぐために、水中に生活しているカニよりも甲らと足の付け根の隙間をできるだけなくし、その密閉度を良くしています。しかし完全に閉じてしまうと鰓室内の呼吸水の再利用ができなくなりますので、口から出た呼吸水の取り入れ口として口に一番近いハサミの根元だけ残しているのです。また、スムーズにこの取り入れ口まで水が流れ、かつ効率よく酸素の再溶け込みができるように、口とハサミの根元との間の頬の部分にはたくさんの短い毛が生えていることが多いです。そして陸の生活にかなり適応したものは鰓室を肺のように変化させていったのです。

干潟に棲んでいるカニたちは肺まで変化していないので、鰓室内の呼吸水を長い時間再利用しなければなりません。再利用が長ければ泡をふきはじめ、新しい呼吸水の供給が必要になります。そこで、彼らは後方の足の付け根に水の取り入れ口を残

しています。水の補給が必要になると，この取り入れ口を澪筋や水たまりに入れて鰓室に新鮮な水を供給するのです（口絵11）。カニたちも棲む環境に合わせていろいろと努力をしています。

38 カニはどうして泡をふくの？

ゴジラなどの怪獣の名前がついているエビ・カニの仲間がいるというのは本当ですか？

question 39

Answerer　朝倉 彰

　甲殻類のムカデエビ綱（*Remipedia*）のムカデエビ目（*Nectiopoda*）に，東宝の怪獣映画にあやかった学名が多数使われています。クリプトコリネテス科（Cryptocorynetidae）のアンギラス属（*Angirasu*），ゴジラ科（Godzilliidae）のゴジラ属（*Godzillius*）とコビトゴジラ属（Godzillognomus），クモンガ科（Kumongidae）のクモンガ属（*Kumonga*），オヨギモスラ科（Family Pleomothridae）のオヨギモスラ属（*Pleomothra*）です。

　ゴジラ科とゴジラ属の由来は，そのグループがムカデエビ類のなかでは，非常に大きいことから名付けられました。コビトゴジラ属はゴジラとグノムス（あるいはグノーム）Gnomus を付けた造語で，Gnomus とはロシアの伝説にある地底にある宝を守る伝説上の小人のことです。ムスルグスキー作曲の「展覧会の絵」という有名な曲のなかにグノーム Gnomus という曲があり，日本語訳では「小人」と訳されています。*Pleomothra* は，「モスラ」に，ラテン語の「泳ぐ」を意味する pleo をつけたものです。

　私はイギリスのグラスゴーで，これらの名付け親であるジル・イェーガー（Jill Yager）博士にお会いしたことがあります。イェーガー博士はお年をお召した穏やかで優しそうな女流学者で，ゴジラとはおよそ無縁そうな方でした。なぜゴジラなどの日本の怪獣の名前を使ったのか，お聞きしたところ，それが好きだから，というシンプルなお答えでした。ひとたびゴジラが使われると，そのシリーズとして，モスラ，アンギラス，クモンガと連鎖的に使われたのであり，それ以上の深い意味はないと思います。というのも，それぞれの種は，とくに名前をもらっ

たところの怪獣と，形は全然似ていません。もちろんゴジラ属の種も，ゴジラに形が似ているわけではありません。ただ「大きい」ということの象徴としてゴジラの名前が使われています。

　ムカデエビ綱は1981年にイェーガー博士によって創設された新しい甲殻類のグループで，バハマから見つかった *Speleonectes lucayensis* という新種の甲殻類に対して立てられました。本綱からは24種が知られ，アンキアライン洞窟（*anchialine cave*）に棲んでいます。これは沿岸地域にある海底洞窟で，陸からの淡水の影響と海の潮の満ち引きの影響を強く受ける特殊な場所です。これまでムカデエビ類は，西オーストラリア，カリブ海，カナリア諸島から見つかっていますが，日本からは見つかっていません。

　Remipediaの名前は，ラテン語で船のオール（櫓）を表すremusと足を表すpedisを付けた言葉で，オールのような付属肢が多数ついていることに由来します。カシラエビ綱（Cephalocarida）と近縁で，分子系統の示すところでは，これらのグループは，六脚類（かつて無翅昆虫と呼ばれていたものと，翅のある昆虫をあわせたグループ。広義の昆虫）と近縁です。これは分子系統学がもたらした非常に驚くべき結果です。

　それ以前は，昆虫は甲殻類とは体制が非常に異なるので，甲殻類とはまったく異なる独立した動物と考えられていました。

　ムカデエビ類には，眼がありません。地下水，洞窟の光のない環境で生活する動物によく見られる現象です。体は丸い頭部とそれに続く胴部からなります（図39-1）。この場合，頭部と呼んでいる部分はもともとの頭部の5つの節（*第1触角，第*

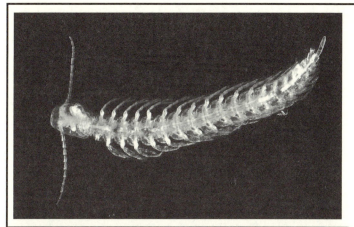

図 39-1 ムカデエビの一種 *Speleonectes ondinae*。スミソニアン自然史博物館蔵（撮影：朝倉彰）。

2 触角，大顎，第 1 小顎，第 2 小顎がついている節）と，胴部の最初の節（顎脚のついている節）が癒合してできています。胴部前半の顎脚のついている節は「胸部」と解釈されますが，それに続く体節は胸部と腹部には分化していませんので，胸部と呼べる節は一つしかありません。したがって頭部に見える部分は厳密には頭部と胸部体節の一部が癒合したものです。

胴部は同じ形状の体節と*付属肢*の連続からなります。これを*同規的体節性*と呼び，環形動物のゴカイなどに見られるものによく類似しています。最大で 42 の節を持つ種が知られています。最後の節には*尾叉*と呼ばれる構造があり，これはコペポーダ（カイアシ類）などと同じです。

これまで知られているすべての種は*雌雄同体*で第 7 胴部体節の付属肢の*原節*に雌性生殖口が開き，第 14 胴部体節の同じ場所に雄性生殖口があります。大きさは小さな種で全長 9mm 程度，最大の種で 45mm 程度です。

エビやカニの成長や年齢とか産卵期はどうやって調べるの？

question 40

Answerer 阪地 英男

　生物を飼育して，どのくらいの期間でどのくらい大きくなるのかを観察すれば，成長を知ることができます。また，その間に卵を産めば，産卵期を知ることもできます。しかし，飼育中の生物と野生の生物ではおかれた環境が異なるため，同じように成長・産卵するとは限りません。一方，標識を付けた生物を放流し，時間が経った後に捕まえることができれば，その間の野生環境での成長がわかります。この場合でも，標識を付けたことによる成長への影響があるかもしれません。エビやカニに限らず，野生の生物の成長や年齢を調べることはなかなか難しいことです。

　生物は，その年齢を調べるための手がかりを体のなかに持っていることがあります。木の年輪はよく知られた例で，冬に成長が停滞することから形成されます。同様に，魚では方向感覚をつかさどる耳石（じせき）という器官に年輪が形成されます。一般的に，このような年齢と体の大きさの関係から生き物の成長を調べます。ところが，エビやカニは脱皮をしながら成長するため，体内に齢の手がかりがあったとしても，脱皮殻とともにそれを捨ててしまいます。このことがエビやカニの年齢を調べることを難しくしています。しかし，方法がないわけではありません。

　エビやカニの体の大きさをたくさん測ることをくり返すと，だいたいの年齢と成長がわかることがあります。図40-1は，土佐湾に生息するアカエビの月別の雌雄別での*頭胸甲長*（頭の殻の眼の後ろの部分から後端までの長さ）組成です。図を見ると，雌雄とも4〜9月には大型群だけであったけれど，10月には小型群が現れ，12〜3月にはもとの大型群がほぼいなく

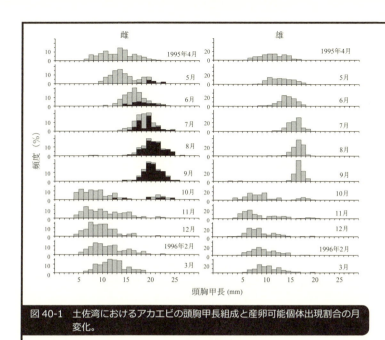

図40-1 土佐湾におけるアカエビの頭胸甲長組成と産卵可能個体出現割合の月変化。

なっています。また，それぞれの群は毎月成長しており，3月の小型群が4月の大型群につながることもわかります。つまり，小型群と大型群は1年違いということになります。

　産卵期を調べるためには，生殖腺（主に卵巣）を取り出して重さを測り，体重に対する割合（*生殖腺重量指数*）の変化を観察します。また，顕微鏡を用いて生殖細胞の発達の具合を観察し，生殖腺重量指数との関係を調べます。これにより，産卵の目安となる生殖腺重量指数がわかります。図40-1の雌では，生殖腺重量指数から産卵を行うと思われる個体を黒く示しています。そのような個体は5月から現れ始め，8月と9月にはほとんどの個体が産卵を行います。10月には大型群だけでなく小型群のうちの大型のものも産卵に加わり，11月には産卵

が終わっているようです。このようにして，土佐湾のアカエビの産卵期は5〜10月であると推定できます。上に述べた成長から，10月に現れた小型群はその年の5月以降に生まれた0歳，大型群はその1年先輩の1歳ということになります。

　このようにして推定した成長は群れ全体のものであって，個体のものではないことに注意してください。同じ産卵期のなかでも，早く生まれたものと遅く生まれたものでは水温等の環境が異なるため，異なる成長を示すと考えられます。図40-1では一つの群れを1年5ヶ月ほど追跡することができますが，これは最も早く生まれた個体から最も遅く生まれた個体まで，それぞれの成長を足し合わせたものとなっています。

　アカエビは寿命が短く産卵期が限定されています。しかし，長生きをする種では年齢が異なっても高齢では体の大きさがほぼ同じになるので，年齢の区別ができません。また，熱帯の海のように季節変化に乏しい環境では一年中産卵を行う種もあり，常に小型個体が現れて成長するために，群れ全体の平均的な体の大きさは一年中変化しないこともあります。そのような場合には，上に述べた方法は使えません。

　エビやカニの体内には年齢を直接示す手がかりは見つかっていませんが，脳のなかに時間の経過とともに増えていく物質があることがわかっています。シャコではこの物質の量を測ることにより，体の大きさから推定するより高齢の個体がたくさんいることがわかりました。この方法が多くのエビやカニに応用できるようになれば，他の種でも今まで考えられていたよりずっと高齢の個体が見つかるでしょう。

イセエビの子どもたちは長い旅をするって本当？

question 41

Answerer 張　成年

　イセエビ科（Palinuridae），イセエビ属（*Panulirus*）は世界で20数種います。イセエビ類は*種苗生産*がとても困難なグループです。抱卵した雌親からふ化幼生を得るのは難しくありませんが，幼生の期間が非常に長く，かつ適した餌が見つからなかったため，種苗生産は困難な道のりでした。世界で最初に稚エビまでの飼育に成功したのは三重県水産研究センターで，1989年のことです。その論文によると，雌イセエビからふ化した約1000個体の幼生を飼育して，307日後にそのうちのたった1個体がガラスエビ（プエルルス）という透明なエビに変態しました。生まれてから稚エビまでにほぼ1年という長い期間を要したことになります。自然界でも，抱卵した雌が多く見られるのは6〜7月あたりで，ガラスエビの出現も似たような時期ですから，1年くらいの幼生期間があることは予想されていました。同じイセエビ属でも熱帯性のニシキエビやケブカイセエビの幼生期間は半年程度と考えられています。

　さて，長い期間浮遊しているイセエビ類の幼生は広範囲に流され，相当広い範囲に拡散することが予想されます。では実際はどうでしょうか。いくつかの種類について分布範囲を口絵10に示しました。熱帯性のニシキエビ，ゴシキエビ，ケブカイセエビ，カノコイセエビの分布はいずれもよく似ていて（黄ライン），インド洋から太平洋の中西部に分布します。青ラインはシマイセエビで，インド洋から太平洋まで生息しています。本種だけが太平洋の両岸に分布しています。大西洋西岸の大型種であるアメリカイセエビもブラジルから北米中部まで広く分布しています（緑ライン）。これらに比べて，イセエビの分布（赤

ライン）はかなり狭いことがわかります。他に分布が狭い種としては，小笠原諸島周辺のアカイセエビ，ハワイ諸島のハワイイセエビ，イースター島の *Panulirus pascuensis* があげられ，これらの種は大洋島にのみ分布しています。浮遊幼生期間が長いのに，なぜ種によって分布範囲が大きく異なるのでしょうか。この謎を解く手がかりが最近シマイセエビで報告されています。この種は太平洋の東西広く分布していると考えられていましたが，じつは中西部の個体群と東部太平洋の個体群間には交流がまったくないことが遺伝子解析でわかりました。図41-1は太平洋西部と東部海域で採取したシマイセエビの最終期幼生ですが，プロポーションが少し違うのがおわかりでしょうか？　以前より，東部太平洋の個体は体が赤くて亜種レベルに分化しているのでは，と予想されていたことが遺伝的に証明されたのです。中西部太平洋個体群の東端は北のハワイ諸島から南のマーケサス島を結ぶあたり，東部太平洋個体群の西端はガラパゴスやクリッパートン島となり，これらの間には島嶼や浅場がまったくない Eastern Pacific Barrier（EPB：東部太平洋障壁）というぽっかり空いた海域があります。赤道周辺には南赤道海流という西向きの強い流れがあり，これに乗ればガラパゴス生まれのシマイセエビ幼生が中部太平洋の島々にたどり着くことは容易だと思われますし，東向きの赤道海流に乗れば逆もまた可能のように思われます。しかし，このような流れは表層の現象であって，少し深くなると逆向きの流れがあります。イセエビ類の幼生も浅深移動します。昼間は深い層へ，夜間は浅い層へ移動することによって，一方向だけに流されることなく行ったり

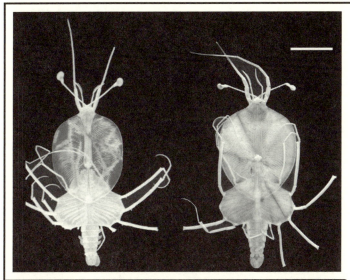
図41-1 シマイセエビのフィロソーマ幼生。

来たりしているわけです。というわけで，長い浮遊期間を持つイセエビ類幼生といえども島や浅場といったとっかかりがない，広大な海域を横断できるわけではないのです。おそらくはイセエビやアカイセエビ，ハワイイセエビのような狭い分布をカバーする程度の旅が基本なのではないでしょうか。ニシキエビやゴシキエビたちに見られる広い分布範囲は島嶼や沿岸沿いに幼生が分散，着底，成長そしてまた産卵して，分布を広げていった結果と思われます。幼生が変態して着底した環境が生育に支障がなく，近くに仲間がいればその場所で繁殖が可能になります。イセエビ類は長生きですので，一世代あたりの入植個体数がごくわずかでも，待っていればそのうち仲間がやってくるというわけです。もう一つの興味深い発見は，アメリカイセエビもじつはニカラグアあたりの中米以北，プエルトリコ〜カリブ

海周辺，ブラジル北部と南部という4個体群に分かれていたというものです。EPBのような障壁も見られないので，海流だけでなく生息地の適不適，異なる個体群との競合等，さまざまな要素がからみ合っているのかもしれません。

　イセエビ類に限らず，ちゃんと親にまで育った環境というのは生態的には良い場所ですから，幼生は自分が生まれた場所にもどってくるのが無難な戦略だろうと考えられます。一方，生物はできるだけ自分の種の分布範囲を広げようとしていることも事実です。さまざまな海洋調査で見つけたイセエビ類幼生を分析してみると，日本とハワイの中間あたりというかなり沖合や，もっと南のマリアナ海嶺付近でもわずかながらイセエビの幼生が見つかったことがあります。ハワイやマリアナ諸島にはイセエビは生息していませんから，これらの多くは死滅回遊なのでしょう。おそらく他のイセエビ類の幼生も一部は遠く，広く分散していると考えられますが，これらのパイオニアたちが遠い旅先で成長し，さらには伴侶を見つけて繁殖していけるかどうか，が分布を広げられるかどうかのカギなのでしょう。

フジツボは岩などに付いていて動けませんが，どうやって子孫をふやしているのですか？

question 42

Answerer 遊佐 陽一

　その前に，そもそもフジツボとは何でしょうか？　海岸の岩などに張り付いて，一見貝のように見えますが，貝（軟体動物）ではなく，蔓脚類（まんきゃくるい）というれっきとした甲殻類の仲間です。その証拠に，食用の種類（ミネフジツボやカメノテなど）を食べてみると，ちゃんとエビやカニに似た味がします。そのエビに似たやつが外側に殻を作って，そのなかで逆立ちをして，毛の生えた蔓（つる）のような長い脚を出し入れして，そこにひっかかった餌を足で口に蹴り入れて食べる…そういった生き物です。甲殻類なのに移動するのをやめて固着生活を送っていますが，水が動いてプランクトンなどの餌を運んでくれます。海に行くとごくふつうに見られ，浅い海から水深数千ｍの深海まで生息する，非常に成功した動物群です。

　さて，質問はどうやって子孫を残すか，でしたね。じつはフジツボ類の多くは，雄でもあり雌でもある，*雌雄同体*です。まず，雌としては，繁殖期にはふつう脱皮後１日くらいすると産卵します。そのような産卵間近の個体が近くにいると，匂いでわかるのでしょう，雄となる個体は*雄性生殖器*（ペニス）を伸ばして，相手の殻のなかに精子を送ります（図42-1）。つまり交尾を行うのですが，厳密には殻のなかであっても体の外なので，偽交尾と呼ばれることもあります。フジツボ類は集団でいることが多いため，雌となる個体は，10個体以上の雄役から精子を受け取ることもあります。その後，雌役の個体は殻をしっかり閉じて，殻のなかに卵塊を産みます。卵はそこで発生が進み，親が脱皮する際に，幼生となって殻の外に放出されます。その後，栄養状態や季節が適していれば，再び雌として交

フジツボは岩などに付いていて動けませんが、どうやって子孫をふやしているのですか？

尾します。一方，雄としては，脱皮直後の体がやわらかい時期を除いて，繁殖期間中ならいつでも交尾できるようです。

　固着生活を送っているために，繁殖の仕方にも特徴があります。まず，フジツボ類は，世界で最もペニスが長い動物です。いくら哺乳類でバクの長いのが有名といっても，体の長さよりも当然短いのですが，フジツボのなかには，体（殻を除く，「エビ」の部分）の7倍ほどの長さのペニスをもつ種もあります。集団で生息していることが多いとはいえ，やはり遠くの交尾相手に精子を送るためには長いペニスが必要なため，このような特徴が進化したのでしょう。次に，それでもペニスが届かなかったらどうなるのでしょうか？　柄のあるカメノテに近い仲間では，水中に（あるいは潮が引いていたら空気中であっても）直接精子の塊を放出して，相手を授精させる場合があることが知られています。つまり状況に応じて，交尾と放精を使い分けられるのです。

　共生性や深海性のフジツボ類では，一般に集団が小さく（単独で着生していることも多い），それでも精子が届かないこともあります。このような場合には一体どのように繁殖しているのでしょうか？　自分の精子で卵を授精させる自家授精を行うフジツボも何種か知られていますが，確かな例はそれほど多くありません。ところが，集団が小さい種の場合には，しばしば矮雄（わいゆう）という非常に小さな雄が雌雄同体個体に着生していることがあります。さらに，大型の個体が雌で，そこに矮雄が着生している場合もあります。余談ですが，ミョウガガイという深海性の種では，雌が全長150mmを超えるのに対して，雄はわ

図42-1 フジツボ類の一種カルエボシの交尾。左の雄役個体が右の雌役個体にペニスを入れているところ（矢印）。フジツボにはこのように柄のあるグループ（有柄類）と柄がないグループ（無柄類）があります。

ずか 0.4mm ほどで，その比は 300 倍以上と，動物界でおそらく最も極端な「ノミの夫婦」です。このような矮雄でも 1 匹いれば，卵が授精されないという心配はなくなります。

そもそも，なぜある種が*雌雄同体*で，別の種は雌雄同体と矮雄，さらに別の種は雌と矮雄というように，フジツボ類で性が多様なのかは説明が非常に難しいところです。フジツボ類におけるこのような性の多様性は，進化論で有名なダーウィンが発見したのですが，彼も後世への謎としたくらいです。その答えのヒントは，固着生活と集団の大きさに関係があるようです。しかし，まずは自分でいろいろ調べ，理由をよく考えてみてください。

ヤドカリのおしりはなぜ右に曲がっているの？

question 43

Answerer 朝倉 彰

　ヤドカリの腹部は一般的には右にねじれた形になっています。これは右巻きの貝殻に入って生活するためです。海の貝の9割以上は右巻きです。

　ただし，すべてのヤドカリが右にねじれた腹部を持っているわけではありません。ツノガイヤドカリ科の種は左右対称の腹部を持っています（図43-1）。そして6対の左右相称の腹肢があります。6番目の腹肢は尾肢と呼ばれ，良く発達し，Y字形をしており（先が外肢と内肢に分かれているという意味），毛が変化したウロコ状の構造があります。この科の種は，ツノガイ，カイメン，石灰岩，竹，木など，真っ直ぐな構造のものに入ります。

　潮間帯や浅海域に多く生息しているヤドカリ科とホンヤドカリ科の種は右にねじれた腹部を持っています（図43-2）。腹部には腹肢がついていますが，原則として第2〜5腹肢は左側にしかなく（ただし第5腹肢は欠く場合あり），右側が退化消失しています。第1腹肢は無い種が多いですが，第1腹肢がある場合には常に左右相称についており，他の腹肢と異なる形をしており「*生殖肢*」と呼ばれます（ただしごく一部の種では第2腹肢も左右相称の生殖肢がついています）。6番目の腹肢は左右ともついていて，*尾肢*と呼ばれ，良く発達するのはツノガイヤドカリ科と同じですが，左側が大きく発達する左右不相称になっています。また腹部の末端に尾節と呼ばれる固い構造がありますが，これは多くの種で左右2葉にわかれ，左の葉がやや大きい種が多くいます。

　これらの種は，右巻きの貝に入ります。その際，腹部の右側

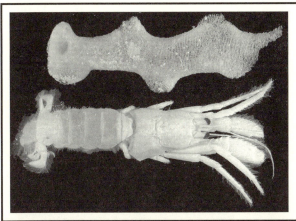

図43-1 左右対称の腹部をもつツノガイヤドカリ科のトガリツノガイヤドカリの一種 *Trizocheles caledonicus*(撮影:朝倉彰)。

図43-2 右にねじれた腹部をもつヤドカリ科の *Dardanus robustus*(撮影:立川浩之)。

43 ヤドカリのおしりはなぜ右に曲がっているの？

で貝の螺層の内側を抱くような形になるので，右側に腹肢があるとじゃまになると考えられます。

なお，ごく一部でまっすぐな腹部を持つ種もいます。たとえば石灰岩に入るヤドカリ科のヤッコヤドカリ類などがそうですが，腹肢のつき方は左右非対称で，原則として第2～5腹肢は左側にしかありません。したがってそれらの種は左右不相称の腹部を持つ種が二次的に真っ直ぐな腹部を持つようになったと考えられています。

熱帯の陸上に棲むオカヤドカリ科の種は，やはり右にねじれた腹部を持っています。海岸にある貝殻を利用しますが，カタツムリの貝殻を利用する場合もあります。ただし，この科に所属し貝を利用しなくなったヤシガニは，左右相称に近い腹部を持っています。雄には腹肢は無く，雌に第2～4腹肢が左のみにあります。

深海に棲むオキヤドカリ科の多くの種は右にねじれた腹部を持っていますが，左右相称に近い形をした腹部を持っている種も少数います。雄は多くの種で第1腹肢と第2腹肢は左右相称についていて生殖肢となっていますが，第3～5腹肢は左側のみについています。雌は第2～4または第2～5腹肢が左側のみについています。

なお2003年に発表された論文によると，イギリスのヨークシャにある中生代の白亜紀前期（1億4500万年前から1億年前）の地層から，アンモナイトに入ったヤドカリの化石が発見されました。これは生時の状況をとどめる化石としては最古の記録になります。これによると，この時代すでにヤドカリは右

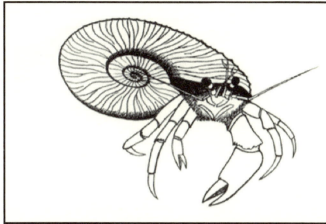

図43-3 アンモナイトに入る *Palaeopagurus vandenengeli*.

にねじれた腹部を持っていて，アンモナイトを利用していることがわかりました（図43-3）。なお，貝の右巻き，左巻きというのは，殻頂部を上にしたときに右に巻き下がっていって，貝を正面から見たときに右側に殻口がくるのを右巻き，その反対の巻きをもっているのを左巻といっています。しかしアンモナイトは平らに貝が巻くので，どちらを上にするかで右巻きとも左巻きともいえます。このヤドカリは，それを右巻き方向に利用していた，という意味です。

クワガタムシにそっくりなエビ・カニの仲間がいるというのは本当ですか？

question 44

Answerer 田中 克彦

 本当です。その仲間の名前は「ウミクワガタ」といいます。ウミクワガタ類は海に棲んでいるエビ・カニの仲間で，落ち葉の下から見つかるダンゴムシ類などとともに，等脚目というグループに含まれています。その成体の雄は大きな頭部と発達した大顎をもっていて，昆虫のクワガタムシ類にそっくりです（口絵12，図44-1A）。一方，成体雌は頭部が小さい上に大顎はもたず，体つきもずんぐりしています（図44-1B）。雄と雌の形が異なっている点でもクワガタムシ類と似ていますが，2対の触角があることから昆虫ではないことがわかりますし，足（歩行肢）が10本あることや，エビに似た尻尾（腹部）をもつ点でもクワガタムシ類と異なっています。

 ウミクワガタ類は海岸近くから深海まで，また，赤道付近から南極や北極周辺の海まで，世界中から約230種が報告されています。日本周辺からも30種ほどが知られていて，北海道から沖縄までさまざまな場所で見つかります。ですから，決してめずらしい生き物ではありませんが，見つけるのは大変です。なぜなら，多くは体長が1cm以下と小型である上，ふだんは泥を掘った巣穴のなかや岩の上に生育しているカイメン類の体内など海底のさまざまなところに隠れていて，あまり外に出てこないからです。

 ウミクワガタ類は海底の棲みかのなかで何をしているのでしょうか？ ウミクワガタ類の成体は口を構成する部分の多くが退化していて，食物をとることはありません。そのため，棲みかのなかで繁殖のみを行っているようです。成体の雌は棲みかのなかで雄と交尾し，その後に胸部腹側にある保育のうのな

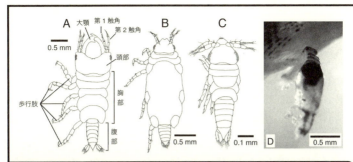

図44-1 ウミクワガタ類の外部形態。A: シカツノウミクワガタの成体雄，B: 成体雌，C: ふ化直後の幼体，D: 寄生中の幼体。A～Cの図の右側の歩行肢は省略しています。

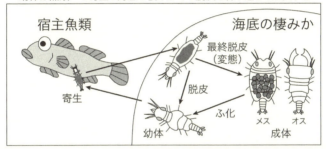

図44-2 ウミクワガタ類の生活環の模式図。

かに卵を産み出します。そして，短いものでは2～3週間ほどで幼体がふ化し，保育のうからはい出してきます。

　ウミクワガタ類の幼体は，成体の雄とも雌とも形が異なっていて，頭部は三角形に近い形をしています（図44-1C）。この幼体は魚類の寄生虫として知られており，棲みかの外に出た後，宿主となる魚類を探し，その体表に付着します。そして，口を宿主魚類の体表に突き刺して宿主の体液を吸引し，それにともなって胸部がふくらみます（図44-1D）。十分に宿主の体液を

吸って胸部が細長い風船のようになった幼体は，宿主魚類から離れ，海底の棲みかにもどって休息・脱皮します。

　脱皮の後，一回り大きくなったウミクワガタ類の幼体は，しばらくすると再び外に泳ぎ出て寄生を行い，その後にまた海底にもどって脱皮をします。つまり，魚類への寄生と海底の棲みかのなかでの脱皮をくり返して成長するという変わった生活をしているのです（図44-2）。そして，最終齢に達した幼体は寄生の後に棲みかのなかで最終脱皮をし，成体に「変態」します。

　上記のように，ウミクワガタ類の成体は棲みかのなかで繁殖を行いますが，成体雄の大顎はこのときに役立つようです。たとえば，ある種のウミクワガタ類では，雄が巣穴の入り口付近にいて，近づいてきた成熟前の雌を大顎で捕まえ，巣穴内に引き込むという報告があります。また，雌をめぐって，雄同士が大顎を用いて闘う可能性が指摘されており，室内で飼育されていた雄が他の雄を大顎で傷つけて殺したという観察例もあります。ただし，外から見えない出来事であるために，野外もしくは野外に近い条件下で雄間の闘争が直接観察された例はないのが現状です。ウミクワガタ類がクワガタムシ類のような大顎をもっている理由を知るためには，調べないといけないことがまだまだありそうです。

田んぼに時々見られる小さなエビみたいな生き物は何ですか？

question 45

Answerer 蛭田 眞一・蛭田 眞平

　お答えします。それは「ホウネンエビ」か「カブトエビ」と呼ばれる甲殻類（エビ・カニの仲間；図45-1）です。

　ホウネンエビもカブトエビもミジンコ（枝角類）と同じ鰓脚類の仲間です。成体でそれぞれ 15～20 mm，20～30 mm の体長で，ミジンコ（多くは 5 mm 以下）と比べると大変大型で，肉眼でも容易に見つけることができます。それで，田んぼの水を覗き込んだとき，エビみたいな生き物として人の目に留まることになります。インターネットで「ホウネンエビ」，「カブトエビ」で検索すると，多くのサイトで動画も含めて情報が提供されていますので，どのような生き物なのかを知ることができます。

図45-1　左：ホウネンエビ（科博標本番号 NSMT-Cr3872 より）。右：カブトエビ（科博標本番号 NSMT-Cr 3873 より）。

45 田んぼに時々見られる小さなエビみたいな生き物は何ですか？

　ホウネンエビは，無甲目（鰓脚類）という分類群に属していますが，その名の通り背側に甲（殻）を持っておらず，頭部節後方に，1対の脚を持った11の胸節，それに続く2つの生殖節，6つの胴節そして尾節という体の構造です。英語では姿や生息環境から「*fairy shrimp*（妖精のようなエビ）」あるいは「*brine shrimp*（塩水エビ）」と呼ばれています。おもしろいことに，胸節の脚を使い，逆さまの状態で巧みに遊泳（背泳）するのが特徴です。また，ホウネンエビの仲間は，融雪プール（融けた雪が作る一時的な水たまり）や雨水による一時的な水たまりといった特殊な水環境に適応して生きています。田んぼという人工水域に出現するのは，このような環境に生息できる生き物だからです。ホウネンエビの仲間は，一部で*単為生殖*（雌のみで繁殖する）する系統が知られていますが，雌雄による両性生殖を行い，2つのタイプの卵を生むことが知られています。1つは産卵後すぐに発生を開始する*夏卵*（*summer eggs*）で，もう1つは*冬卵*（*winter eggs*）または*休眠卵*（*resting eggs*）といい，乾燥に強く，夏の高温，冬の低温に耐えて，翌年以降，水域が形成されたときにふ化するものです。乾いた田んぼの土を水に浸すとホウネンエビが現れてくるのは，土のなかに産みつけられた冬卵（休眠卵）のふ化が起こることによるものです。

　ホウネンエビの仲間は，南極大陸を含む世界中で300種ほど知られている多様な動物グループですが，わが国ではホウネンエビ，セトウチホウネンエビ，キタホウネンエビの3種が知られています（長縄，2001）。キタホウネンエビは，日本固有種で，北海道石狩湾岸の海岸林に形成される自然の融雪プール

に生息しています（青森県下北半島でも生息が確認されています）。筆者の一人は，40年ほど前になりますが，大学での動物学の実習で，春に形成される融雪プールで本種を採集し，裏返しに泳ぐようすを観察しました。種々の開発のため，現在は，キタホウネンエビの生息環境が不安定な状態になりつつあるということのようです（濱崎, 2012）。

　カブトエビは，背甲目（鰓脚類）という分類群に属し，原始的な姿を示す甲殻類で，種数は南極大陸を除くすべての大陸から11種ほどしか知られていません。わが国にはヨーロッパカブトエビ，アメリカカブトエビ，アジアカブトエビの3種が生息しています（長縄，上掲）。外見上，楯のような背部の甲（殻），脚がなく円筒形の胴節，そして1対の長い尾叉(びさ)が特徴です。英語名はその姿形から「*tadpole shrimp*（オタマジャクシのようなエビ）」です。生息環境は，内陸淡水域でほとんどが一時的な水たまりです。水底が生活の場ですが，巧みに泳ぐことができます。繁殖方法は複雑で，雌雄が出現する集団もあれば，雄が確認されない集団があったり，雌雄同体と思われる集団もあるようです。ホウネンエビと同様に，卵は乾燥すると*休眠*の状態に入り，水分や温度条件が整うとふ化し，急速に脱皮成長が進み，2週間もすると成体になります。田んぼという人工水域である「一時的な水たまり」に出現するのは，このような生活様式を持っていることによります。

　ホウネンエビもカブトエビも休眠卵を持ち，短い生活環を示すことから，飼育・観察用教材として広く販売されています。近くの水域からの入手が難しい場合は，これらを利用して，こ

45 田んぼに時々見られる小さなエビみたいな生き物は何ですか?

の興味深い生き物に触れてみるのもよいかもしれません。ただその場合，卵やふ化した動物を生きたまま野外（田んぼなど）に放つことはしないようにしてください。それぞれの水域に生息するさまざまな生物に何らかの影響を与えてしまうかもしれないからです。

二枚貝のようなエビがいるって本当ですか？

question 46

Answerer 蛭田 眞一・蛭田 眞平

　本当です。軟体動物の二枚貝のように，左右2枚の殻で，体が包まれたエビ・カニの仲間（甲殻類）は存在します。それは貝（介）形虫，貝虫，カイミジンコなどと呼ばれる動物たちです（図46-1）。地球上の海水，汽水，陸水環境すべて（深海，サンゴ礁，干潟，砂浜，河川，湖沼，湧水，地下水，洞穴水，一時的な水たまりなど）にわたって，生息が確認されています。30mmを超えるような例外的な種（*Gigantocypris*）を除けば，多くは成体で0.3〜3mmとかなり小型なので，肉眼では貝形虫であるとはなかなかわかりませんが，非常に多くの種が知られています。それで，タイトルのような質問が出てくるのだと思います。

　じつは，カイエビと呼ばれるエビ・カニの仲間も，まさに二枚貝のような外観を持っています。英語名も「*clam shrimp*（二枚貝のようなエビ）」で，殻は脱皮の際に脱ぎ捨てられず，成長線のある殻を持っています。サイズは10mm前後で，貝形虫よりは大型です。この仲間はわが国からは田んぼの底泥などから3，4種が見つかっています。ホウネンエビやカブトエビと同様に一時的な水たまりという環境に適応した動物です。それで，田んぼで見つかるのです。インターネット検索で「貝形虫，カイミジンコ，カイエビ」を試してみてください。動画もありますので，まず，これら「二枚貝のようなエビ」のイメージをつかんでください。

　ここからは，多数の種が報告されている，（そして筆者らの専門である）貝形虫を紹介することにします。

　現生の貝形虫は2つのグループから構成されます。ポドコー

パ類とミオドコーパ類です。前者は，世界中から8000種ほど知られており，大部分は1mm以下で，海と陸のほとんどの水域に生息しています。ミオドコーパはポドコーパよりも大型の種が多く，600種ほどが知られていますが，生息場所は主に海です。海底をよりどころに生活しているもの（ベントス）もいれば，浮遊生活者（プランクトン）として浅海から深海までを生活の場としているものもいます。わが国で発光生物として有名なウミホタル（体長約3mm）は，ミオドコーパ貝形虫で，本州以南の各地の海岸付近の砂泥底に生息しています。

さて，貝形虫の体（軟体部）の膜は，体の中央付近で反転して，体を包む殻の内側の膜へとつながっていきます。つまり，左右2枚の殻は，軟体動物の貝殻とは異なって，生きている体の部分であり，成体となるまでの4～8回の脱皮の際に，殻も軟体部の膜とともに脱ぎ捨てられます。この殻が石灰化していて頑丈なため，化石として広い年代にわたってよく保存され，地質学・古生物学上重要な動物群となっています。また，2枚の殻は背部に発達している蝶番や靱帯でつながっています。そして，2枚の殻の内側中央部をつなぐ閉殻筋が二枚貝の貝柱と同じ働きをしています。殻で包まれる軟体部は体節性を示しておらず，一部のグループを除いて，7対の付属肢と尾叉を備えています。付属肢を腹側の殻のすき間から出して活動します。

貝形虫は，ふ化後の第1齢幼生段階で，すでに2枚の殻で軟体部が包まれていて，成体のミニチュアの外観を示しますので，この段階で貝形虫であることがわかります。ミオドコーパでは，第1齢で5番目の肢まで成体によく似た形態を示しま

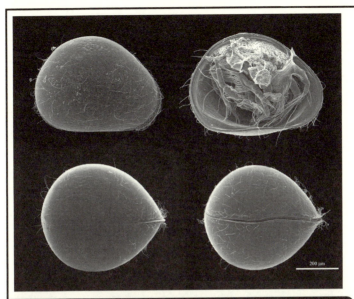

図46-1 貝形虫（ポドコーパ）の一種（*Cyclocypris diebeli*），釧路湿原産。いずれの走査電子顕微鏡写真も右側が動物の前方。左上：側面視（右殻の側面）。右上：右殻を取り除いた状態。付属肢およびほぼ中央に閉殻筋束が見えます。左下：背面視（左右の殻の背縁部は蝶番・靭帯で結合しています）。右下：腹面視（左右の殻のすき間から付属肢を出して活動します）。

すが，第6肢，第7肢は未分化（未完成）の状態で，脱皮をくり返すごとに成体の形に分化していきます。ポドコーパは第1齢では，付属肢として第1触角，第2触角，大顎まで備えたノープリウス型を示しています。その後脱皮をくり返し，付属肢を追加して成体へと成長していきます。

　読者の皆さんにはぜひとも二枚貝のような貝形虫を実際に見てほしいと思います。簡単な採集方法を示します。浅い水たまり・池・田んぼなどでは，水面に目を近づけると，肉眼でも底をはったり，滑るように泳いでいる貝形虫が見えることがあり

ます。その場合はスポイトを用いて簡単に拾い上げることができますが，砂泥の間隙や表層に生息する貝形虫を含む小型の水生動物は，ポリバケツなどに底泥を採取し，水を加えてよくかきまぜ，上澄みをネット（0.1mm 位）に流し込んで抽出します。これをシャーレなどに取り，実体顕微鏡（たとえば，Nikon のファーブルミニ）で観察すると，容器の底をはいまわったり泳ぎ回っているカイミジンコを発見できるでしょう。

エビやカニの仲間の，いろいろなナンバーワンを教えて？

question 47

 小西 光一

【最大】 カニではタカアシガニがよく知られており，脚を拡げると3mに達します。かのシーボルトがその大きさに驚いて故国オランダに標本を送っています。ただし，これはクモガニ類という脚が長いカニの仲間で脚の長さを含めたものです。脚を除いた胴体の大きさという点では，オーストラリア沿岸にいるオーストラリアオオガニ（タスマニアンキングクラブとも呼ばれます）で，甲らの幅は60cmを超えます。エビではロブスターと呼ばれるウミザリガニ（*Homarus*）の仲間です。カナダで1977年に，体長1m，重さが20kgに達する個体が捕獲された例があります。

【最小】 まず，一番小さいとは考え方によるもので，極端にいえばタカアシガニでも子どもの時期は数mmもありません。ここでは成熟した成体でという条件付きです。そうなるとカニならば1996年に中米で見つかった，甲幅で1.5mmほどしかない，カクレガニ科の *Nannotheres moorei* となるでしょうか。学名もナノ（微小な）という接頭辞が付いているくらいです。なお甲殻類全体で見れば，やはりプランクトンとしてみられるカイアシ類で，そのなかでも寄生性のハルパクチクス類の一種 *Stygotantulus stocki* は体長で95μmほどしかなく，今のところこれが最小でしょう。

【最速】 スナガニの仲間は動きがすばやく，砂地を時速に換算すれば16kmで走ります。この数字だけを見ると大したことはないように思えますが，ヒトの大きさに換算す

47 エビやカニの仲間の、いろいろなナンバーワンを教えて？

れば，かなり速いことになります Q10参照 。なお，水中であれば，ガザミの仲間はオールのような脚を使ってかなり速く泳ぎますし Q05参照 ，ヨーロッパウミザリガニでは，その学名が示すように後方に泳ぐ，というより飛び跳ねる速さは時速26kmに達するといわれています。

【最深】 これまでの記録はマルミヘイケガニ科の一種で，学名も深海に棲むという意味の *Ethusina abyssicola* で，水深5046 m から捕獲されています。しかし，甲殻類全体でみれば，等脚目のミズムシや端脚目のヨコエビの仲間になります。深海の甲殻類といえば，ダイオウグソクムシが最近有名になりましたが，これ自体は水深170〜2500 m の範囲で，同じ等脚目ならばミズムシの一種 *Rectisura vitjazi* が日本海溝の8330〜8430 m から採集されていてこちらが深いです。さらに端脚目のカイコウオオソコエビはマリアナ海溝の水深10,817〜10,900 m で採れています。魚類の最深記録が8145 m ですから，これより2000 m も深いことになります。そもそも世界の最深は10920 m となっているので，おそらくこれ以上の記録はないでしょう。深海探査はわりあい最近になって技術が大きく発展したので，今後も新しい発見があるかもしれません。

【最多】 最も多いというのは染色体数のことです。ヒトの染色体は46本（2n）ですが，日本にも生息している外来種のウチダザリガニでは，何とこれが376本もあります。

この数はもちろん甲殻類で最多ですが,残念ながら動物界のナンバーワンとなると,シジミチョウの一種で,およそ450本前後(2n推定)といわれています。

【最長】　いままでのところ最も長生きの例は,洞窟に棲む淡水ザリガニ一種 *Orconectes australis* で,推定寿命が36〜176歳との報告があります。ただ,この種について最近行われた調査では,これほど長くはなくてほとんどが22年を上回るくらいであろうとの算定結果でした。それでも,一般的なエビ・カニの寿命は数年程度なので,かなりの長生きといえます。また,他のウミザリガニの仲間では推定50〜60歳,陸ではヤシガニの数十年 Q02 参照 という報告もあります。いずれにしても,直接にふ化から亡くなるまでずっと追跡調査しているわけではなく,脱皮間隔と体の大きさなどを指標とした推定値です。一般に深海や冷水に暮らす大型のエビ・カニ類は長寿で,10歳を超える個体が多いです。このような環境で育つ大型種は成長に時間がかかり,その結果が長寿という見方もできるわけです。

時々海藻に小さなシャクトリムシみたいなのが付いているのは何？

question 48

Answerer　青木 優和

　春先の海岸で暖かな日射しを浴びつつ，波に打ち寄せられた漂着物を探しながら歩くのは，楽しいものです。色や形の変わったものが目に留まれば，拾って観察してみます。褐色や紅色や，ときには緑色の海藻がもつれ合って打ち上げられていることもあります。海藻の塊は，なんだかゴミのようです。でも，砂を払って海水ですすいで手にとってよく見てみると，海藻も意外に美しいことに気付きます。そんなときに，海藻の枝葉の間で思わぬ動きをする小さな動物に出会うことがあります。1〜2 cmに見える棒状の体の一端を海藻に固定して，ヒョコッと起き上がり，またもとにもどります。ときには，わずかな海藻片に多数が群がっていて，同時にあちこちでヒョコヒョコやっているために，驚かされることもあります。この小さな動物が「ワレカラ」です。一般社会人でこの名の動物を知っている人はずいぶん少ないと思います。でも，古くは古今和歌集や枕草子にも「われから」の名が出てきますので，平安の昔には知名度が高かったのかもしれません。最近では，スキューバダイビングが普及したことと，デジタルカメラでの水中マクロ撮影が容易になってきたことが助けとなって「ワレカラ」という名が，少なくともダイバーの間ではかなり知られるようになってきています。試しに「ワレカラ」でネット検索を試みると，たくさんの画像を見ることができます。また，英名である「caprellid」または最も一般的な種群の属名である「*Caprella*」で検索すれば，世界中の人々の投稿画像を見ることもできます。

　ひとことにワレカラと言っても，日本産のものだけで100以上の種があります。でも，それらのなかには深海の種や稀な

種などもありますので，1つの場所でふだんに見かける種類としては 10 種に満たないことが多いのです。トゲワレカラ，ホソワレカラ，マルエラワレカラ，クビナガワレカラあたりが日本沿岸で最もよく見かけられるものでしょう。いちばん大きなワレカラはアマモ場に見られるオオワレカラという種で，体長 5 cm を超えるものもあります。一方で，成体でも大きさが 5 mm に満たないような小さな種も知られています。ふつうのワレカラは体長が 1〜3 cm くらいです。

　ワレカラのように小さな動物を海水中から引き上げてしまうと，光の乱反射のせいで体の細かな特徴を観察することができません。いちばん良いのは，海水中に浸して観察することです。そこで，1辺が 5〜10 cm くらいの小さなチャック付ビニール袋を用意します。このなかに海水を満たし，ワレカラをつかまっている海藻の枝ごとこの袋のなかに入れます。袋のチャックを閉めるときに空気は完全に追い出します。こうすると，海水中での自然に近い状態でのワレカラのようすを横から観察することができます。「手のひらの上のワレカラ水族館」です。倍率が 10 倍くらいの携帯型ルーペを使うと良いでしょう。

　それでは，ワレカラの形を体の前の方から詳しく見てみましょう。口絵 13 のトゲワレカラの写真を見てください。典型的なワレカラの体は竹の節を 7 つ継いだような形でできています。7 つの体節の一番前の節は頭部とつながっていて，前端に長短 2 対の触角が生えています。これらを海中に拡げて環境情報を集めるのでしょう。また，餌である動植物プランクトンを捕まえるのに使うこともあります。触角の基部の左右には眼が

あり，両眼の間には口があります。そして，口の両脇には第1咬脚（こうきゃく）と呼ばれる鎌のような脚が1対あります。これを使って，触角に付いたプランクトンをしごき取ったり，ときには海藻の枝をつかんで，体を固定したりするのにも使います。前から2番目の節には，第2咬脚と呼ばれる，もうひと回り大きな鎌が1対付いています。これはどうも闘争行動などに使うことが多いようです。第3〜4番目の節の腹側には左右に1本ずつの棍棒のようなものが付いています。これは，鰓（えら）です。形は単純で，鰓に水流を送るための構造はありません。このため，ある程度流れのある場所に体の鰓の部分を曝していないと酸欠状態になってしまいます。ワレカラ類が比較的に水の動きのある場所に棲んでいるのはこのためでしょう。水の動きの弱いときには，全身をしならせて体を前後に動かして水の動きを作ります。これがワレカラのあのヒョコヒョコとした動きのもとなのです。

　ワレカラの7体節の節間の長さは，種類や雌雄によっていろいろに異なるのですが，ふつうは後の第5〜7番目の3節の節間がとくに短くなっていて，それらの節の左右の後端に足がついています。したがって，足は体の後端に3対合計6本付いていることになります。この3対の足で海藻にしがみついているのです。ワレカラが海藻の上で体をヒョコヒョコと動かすとき，人間にたとえて言えば，足首を固定した状態で腹筋運動を全力でくり返してしているようなものですから，ずいぶんとくたびれそうな気がします。でも，ワレカラの体節のなかには，ぎっしりと筋肉が詰まっていますから，あのような激しい

前後運動も得意なのでしょうね。筋肉ぎっしりのワレカラの体は，魚にとっては大好物の餌です。メバルやカサゴなど沿岸魚の胃袋からはたくさんのワレカラが見つかります。一方で，ワレカラは，体の形や色を海藻の枝葉に似せて，魚の餌探しから逃れようとします。海藻の森のなかでは，ワレカラたちの生き残りをかけた駆け引きが行われているのです。

エビ・カニの上手な茹で方や解凍のやり方は？

question 49

Answerer 石田 典子・村山 史康

　カニを食べるとき，知らず知らずのうちに無言になってカニの身をほじくり出していませんか？　意外と殻から身を取り出すのは難しく，ついつい夢中になり，自然と口が開かなくなってしまいますよね。そういえばエビやシャコなど他の甲殻類でも殻をむくときにも無言になっているような…。それほどエビやカニは食材として非常に魅力的なのでしょう。

　新鮮な甲殻類が手には入ったら，せっかくなのでおいしくいただきたいですよね。一般的においしいとされている調理方法は，エビは塩茹で，カニは塩水で蒸す方法です。ただし，長時間茹でてしまうとうまみが流れてしまうので注意しましょう。このうまみの正体は遊離アミノ酸や核酸関連化合物などが知られており，魚肉に比べるとエビやカニの方が多く含まれています。残念ながら，「美味しく茹であがる時間」に科学的な根拠はありません。ただし，最近の技術によって人が感じる「味」をデータ化する「味覚センサ」という装置が開発されたため，近い将来科学的に証明される日が来るかもしれませんね。

　せっかく購入しても量が多いと冷凍保存しないといけません。そこで，次は上手な解凍方法についてご紹介します。

　解凍方法については，一般に氷水で解凍する方法がおいしくなるとされています。魚介類を解凍した際に出る汁は「ドリップ」と呼ばれ，このなかに大切なうまみが含まれています。これをなるべく出さないように，ゆっくり解凍するのがコツです。そのためには，ジッパーなど密閉できる袋に食材を入れ，氷水を入れたボウルのなかで解凍しましょう。水は0℃で凍りますが，食材はもう少し低い温度で凍るため，0℃の氷水でも食材

図49-1 加熱することで甘味が増すサルエビ。

が解凍できるのです。しかし，速やかに解凍しなければならないときもあります。そのときは，ぬるま湯を使いましょう。

なお，エビを冷凍する際にはしょうが汁で漬け込むと良いといわれています。これは，そのまま冷凍したエビを解凍すると，水分が溶け出して身がパサパサになる上，エビに特有の生臭さがさらに強くなってしまうからです。しょうがには芳香性によって魚の臭みを消し，辛味成分によって独特の風味をつける効果が認められています。さらには，しょうがに含まれる酵素によって肉がやわらかくなる効果も確認されており，これを使って処理をすることでおいしく食べることができます。

このドリップですが，急速に冷凍したり解凍したりすることで出ないようにする技術が進化しています。たとえば水分子を細かく振動させながら急速凍結させる方法によってドリップを出さないようにする「CAS冷凍」や，魚介類の生ものの品質を保ったまま急速解凍し，製品化を目指している電子レンジ「電磁波解凍機」などがあります。鮮度を保ったまま，いつでもおいしく魚介類が食べられるとは夢のような話ですね。

ついでに，代表的なエビやカニのおいしい調理方法を紹介しておきます。

49 エビ・カニの上手な茹で方や解凍のやり方は?

- クルマエビ:なんといっても天ぷらです。口のなかに上品な甘味が広がります。これは,クルマエビは甘味を感じさせるグリシンやアラニンといった遊離アミノ酸の量がエビ類のなかでも豊富に含まれているためです。背わたは,腹節と腹節のすき間に竹串差し込み,上手に取り除きましょう。さらに腹側に2～3箇所の切れ目を入れておくと丸くなりません。また,尾先を切って水分を出しておかないと油がはねる原因となります。
- 小エビ(サルエビなど):塩茹ででもおいしくいただけますが,小さいものは三つ葉などと一緒にかき揚げにしてもおいしくいただけます(図49-1)。
- ズワイガニ:生ものを茹でるときには脚を輪ゴムで結び,腹ぶたのなかに塩をひとつまみ入れ,甲らを下にして蟹味噌が流れ出ないようにしましょう。大鍋で強めの塩水で20分蒸したあと,ザルにあげて余熱を飛ばしましょう。自然に冷ますことで余分な水分もなくなり,おいしくいただけます(図49-2)。
- ガザミ:茹でるより蒸した方がおいしくいただけます。よく水洗いした後,形がくずれないように縛り,蒸し器を用いて強火で30分蒸します。蒸したら甲らと鰓を外して熱いうちにいただきましょう。また,ぶつ切りにして味噌汁に入れても濃厚な味わいが楽しめます(図49-3)。

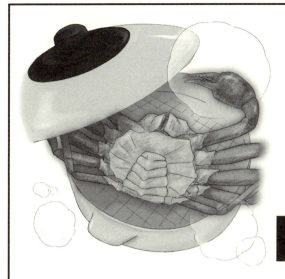

図49-2 カニは蒸すとおいしい。

図49-3 脚がオールのようになっており，泳ぐのが上手なため，ワタリガニとも呼ばれるガザミ。

エビ・カニの仲間について もっと勉強したいけど, どうしたらいいですか?

question 50

Answerer　朝倉　彰

実際に甲殻類を採集して観察してみよう。

　甲殻類はさまざまな環境に棲んでいます。庭の石をひっくり返してみるとダンゴムシが出てきますが,これも甲殻類です。しかし甲殻類が多く棲んでいるのは水のなかです。

淡水:春になると田んぼに水が入り,田植えがなされます。すると多くの甲殻類が現れます。ミジンコやケンミジンコの仲間,カブトエビの仲間などを,熱帯魚の飼育で使う目の細かい小型の網ですくって採集することができます。池や川にも甲殻類は棲んでいます。目の細かいタモ網で,水辺や水中に生えている植物の根元などをすくうと,ザリガニ,ヌマエビ,テナガエビ,スジエビなどを採集することができます。湧水の出ているところには,サワガニがいます。

海:潮がひいた磯や干潟にはたくさんの甲殻類がいますので,ぜひ採集に行ってみましょう。まずインターネットなどで海岸の海水面の高さの変動を示した「潮時表」というのを調べます。およそ2週間に一度,「大潮」という潮がよく引くときがあります。その一番潮が引いたとき(干潮)が,採集によい時間帯です。およそ干潮時刻の2時間前から1時間あとくらいの時間帯になります。干潮は一日2回ありますが,春〜夏には昼間の干潮がよりよく潮が引きますので,そのときが採集や観察に適しています。磯では,潮が引くと現れる潮溜まり(タイドプール),岩の割れ目,海藻の根元,転石の下などに,いろいろな甲殻類がいます。主にイワガニの仲間,オウギガニの仲間,イソスジエビの仲間,ヨコエビの仲間などが採集できます。干潟は潮が引くと,チゴガニ,コメ

ツキガニ，ヤマトオサガニなどのカニ類がたくさん干潟上に現れて，ダンスを踊ります。干潟の泥を掘ると，スナモグリの仲間，アナジャコの仲間などを採集することができます。干潟の後背地のアシの湿原にはアシハラガニ，干潟にそそぎこむ川の岸にはベンケイガニの仲間がいます。

採集した甲殻類の名前を図鑑で調べてみよう。

採集した甲殻類は，図鑑で名前を調べてみましょう。たとえば，

- 渡部哲也：海辺のエビ・ヤドカリ・カニハンドブック．文一総合出版（2014）．
- 豊田幸詞・関慎太郎：日本の淡水性エビ・カニ：日本産淡水性・汽水性甲殻類102種．誠文堂新光社（2014）．
- 有山啓之・今原幸光：写真でわかる磯の生き物図鑑．トンボ出版（2013）
- 日本ベントス学会（編）：干潟の絶滅危惧動物図鑑―海岸ベントスのレッドデータブック．東海大学出版会（2012）．
- 三宅貞祥：原色日本大型甲殻類図鑑 I, II．保育社（1982, 1983）．

などがあります

専門的に勉強してみよう。

本で専門的な勉強をしてみよう。なおインターネットにも，いろいろな情報が出ていますが，間違いの情報も多々ありますので，注意しましょう。

- 朝倉彰（編）：甲殻類学―エビ・カニとその仲間の世界．東海大学出版会（2003）．
- 石川良輔（編），馬渡峻輔・岩槻邦男（監）：節足動物の多様性と系統（バイオディバーシティ・シリーズ）．裳華房（2008）．
- 川井唯史・中田和義：エビ・カニ・ザリガニ―淡水甲殻類の保全と生物学．生物研究社（2011）．
- 椎野季雄：水産無脊椎動物学，培風館，pp.345（1964）

50 学会に入ろう。

　学会に入ってその大会に参加して，いろいろな人の研究の内容を知る，学会誌を読んで勉強することによって，最新の知識を得ることができます。

　日本甲殻類学会は，甲殻類全般を幅広く扱い，アマチュアからプロまでさまざまな人が会員になっています。年1回の大会を開催し，専門の論文を掲載する国際誌「Crustacean Research」と，和文の甲殻類の情報誌「Cancer」を発行しています。詳しくはウエブサイト＜http://csjwebsite4.webnode.jp/＞をご覧ください。そのほか，甲殻類の学会というわけではありませんが，甲殻類の興味深い研究発表が聴ける学会としては，

・日本ベントス学会（http://benthos-society.jp/）
・日本付着生物学会（http://www.sosj.jp/）
・日本生態学会（http://www.esj.ne.jp/esj/）
・日本動物行動学会（http://www.ethology.jp/）
・日本水産学会（http://www.jsfs.jp/）

などがあります。

エビ・カニの仲間についてもっと勉強したいけど，どうしたらいいですか？

参考文献および画像等出典リスト

Q15

*15-1 Schweitzer, C. E., and Feldmann, R. M.: The oldest brachyura (Decapoda: Homolodromioidea: Glaessneropsoidea) known to date (Jurassic). Jour. Crust. Biol. 30(2), 251-256 (2010).

*15-2 Krobicki, M., and Zatoń, M.: A new homolodromioid crab (Brachyura: Dromiacea: Tanidromitidae) from the Bajocian of central Poland and a review of the stratigraphical distribution and paleoenvironments of the known Middle Jurassic homolodromioids. Jour. Crust. Biol. 36 (5), 695-715 (2016).

*15-3 Schweitzer, C. E., and Feldmann, R. M.: Decapod crustaceans, the K/P event, and Palaeocene recovery. In Crustacea and arthropod relationships, pp. 17-53. CRC Press. (2005).

Q16

*16-1 塩見一雄：魚介類アレルゲンの本体と性状
(http://www.mac.or.jp/mail/110301/01.shtml)

*16-2 消費者庁：アレルギー表示に関する情報
(http://www.caa.go.jp/foods/pdf/food_index_8_161222_0001.pdf)

*16-3 消費者庁：食物アレルギーに関連する食品表示に関する調査研究事業報告書.

*16-4 柏尾翔：日本水産学会誌, 2016(82), 40.

*16-5 厚生労働省：「アレルギー物質を含む食品に関する表示について」別添2. アレルギー物質を含む食品に関する表示Q＆A
(http://www.caa.go.jp/ foods/pdf/syokuhin12.pdf)

Q18

*18-1 畑江敬子：さしみの科学 - おいしさのひみつ．成山堂書店，東京．148pp.（2005）.

*18-2 星野昇：漁業生物図鑑 新北のさかなたち（上田吉幸・他編）．北海道新聞社，札幌．358-363（2003）.

*18-3 中野幸広：漁業生物図鑑 新北のさかなたち（上田吉幸・他編）．北海道新聞社，札幌．364-365（2003）.

*18-4 大富潤：九州発食べる地魚図鑑．南方新社，鹿児島．179-200（2011）.

*18-5 大富潤：旬を味わう魚食ファイル．南方新社，鹿児島．201pp.（2013）.

Q22

*22-1 Hamasaki, K., Kitada, S.: Rev. Fish. Sci., 21, 454-468 (2013).

Q23
*22-1 Costa, R.C. et al.: Hydrobiologia, 529, 195-203 (2004).
*22-2 大富潤：九州発食べる地魚図鑑．南方新社，鹿児島．179-200 (2011).
*22-3 大富潤：旬を味わう魚食ファイル．南方新社，鹿児島．201pp. (2013).

Q24
*24-1 Harbison, G. R., Biggs, D. C. & Madin, L. P.: Deep-Sea Research, 24, 465-488 (1977).
*24-2 Laval, P.: Oceanography and Marine Biology: an Annual Review, 18, 11-56 (1980).

Q25
*25-1 Saito, N., Yamauchi, T., Ariyama, H. & Hoshino, O.: Crustacean Research, 43, 1-16. (2014).

Q26
*26-1 髙橋徹 2004. 性をあやつる寄生虫フクロムシ　長澤和也編「フィールドの寄生虫学」東海大学出版会　P. 81-95
*26-2 髙橋徹 2001　フクロムシ研究，最近の話題　月刊海洋号外 26　総特集甲殻類　p. 146-154.

Q27
*27-1 長澤和也：海洋と生物，21, 471-476 (1999).
*27-2 Nagasawa, K.: Biogeography, 1, 3-18 (1999).

Q28
*28-1 Diesel, R., Schubart, C.D.: In: Evolutionary Ecology of Social and Sexual Systems: Crustaceans as Model Organisms. Oxford University Press. (2007).
*28-2 Duffy, J.E.: In: Evolutionary Ecology of Social and Sexual Systems: Crustaceans as Model Organisms. Oxford University Press. (2007).

Q29
*29-1 三ツ村崇志（執筆），加賀谷勝史（協力）　Newton，2016 年 1 月号，134-137 ページ
*29-2 Kagaya, K., & Patek, S. N. (2016). The Journal of Experimental Biology, 219, 319-333.

Q30
*30-1 鈴木廣志・岩崎起鷹・宇都宮悠・岩本海美：南太平洋海域調査研報，56, pp. 37-40 (2015).

Q32
*32-1 水島敏博：北水試研報，73, 1-8 (2008).
*32-2 Ohtomi, J.：Journal of Crustacean Biology, 17, 81-89 (1997).

*32-3 大富潤:かごしま海の研究室だより. 南日本新聞社, 鹿児島. 29-30 (2004).
*32-4 鈴木廣志:サワガニ. 川の生物図鑑 鹿児島の水辺から (鹿児島の自然を記録する会編). 南方新社, 鹿児島. 339 (2002).
*32-5 山本掌子・大富潤:水産増殖, 46, 25-30 (1998).

Q35
*35-1 Nagel, T. (永井均訳):コウモリであるとはどのようなことか. 勁草書房 (1989).

Q37
*37-1 Heegaard, P.: Crustaceana, 13, 227-237 (1967).
*37-2 大富潤:かごしま海の研究室だより. 南日本新聞社, 鹿児島. 23-32 (2004).
*37-3 大富潤:九州発食べる地魚図鑑. 南方新社, 鹿児島. 179 (2011).
*37-4 大富潤:旬を味わう魚食ファイル. 南方新社, 鹿児島. 101-103 (2013).

Q39
*39-1 Neiber, M. T., Hartke, T. R., Stemme, T., Bergmann, A., Rust, J., Iliffe, T. M., Koenemann, S. PLoS ONE 6(5): e19627. doi:10.1371/journal.pone.0019627. (2011)

Q40
*40-1 遠藤宣成:化学と生物, 29, 237-239 (1991).
*40-2 Kodama, K., Yamakawa, T., Shimizu, T., Aoki, I.: Fisheries Science, 71, 141-150 (2005).
*40-3 阪地英男:水研センター研報, 6, 73-127 (2003).

Q41
*41-1 Yamakawa, T., Nishimura, M., Matsuda, H., Tsujigado, A., Kamiya, N. Nippon Suisan Gakkaishi, 55, 745 (1989).
*41-2 Chow, S., Jeffs, A., Miyake, Y., Konishi, K., Okazaki, M., Suzuki, N., Abdullah, M.F., Imai, H., Wakabayashi, T., Sakai, M.: PLoS ONE, 6 (12), e29280 (2011).
*41-3 Diniz, F.M., Maclean, N., Ogawa, M., Cintra, I.H.A., Bentzen, P. Marine Biology, 7, 462-473 (2005).

Q42
*42-1 遊佐陽一:Sessile Organisms, 34, 13-18 (2017). doi:10.4282/sosj.34.13

Q43
*43-1 Rene H. Fraaije:Palaeontology, 46 (2003).

Q45
*45-1 長縄秀俊:陸水学雑誌, 62, 75-86 (2001).

*45-1 濱崎眞克：北海道自然史研究会2011年度大会要旨，p. 8.（2012）.

Q46

*46-1 Hiruta, S., Hiruta, S.F.: Atlas of Crustacean Larvae, p.169-173, The John Hopkins University Press（2014）.

*46-2 Olesen, J.: Atlas of Crustacean Larvae, p.29-34, The John Hopkins University Press（2014）.

*46-3 Olesen, J., Moller O.S.: Atlas of Crustacean Larvae, p.40-46, The John Hopkins University（2014）.

*46-4 Smith, R.: Atlas of Crustacean Larvae, p.164-168, The John Hopkins University Press（2014）.

Q47

*47-1 Boxshall, G.A., Huys, R.: Journal of Crustacean Biology, 9, 126-140（1989）.

*47-2 Manning, R. B., D. L. Felder.: Proceedings of the Biological Society of Washington 109, 311-317（1996）.

*47-3 Ocampo, E.H., Farias, N.E., Luppi, T.A.: New Zealand Journal of Zoology, 41, 218-221（2014）.

*47-4 Venarsky, M.P., Huryn, A.D., Benstead, J.P.: Freshwater Biology, 57, 1471-1481（2012）.

Q49

*49-1 平成暮らしの研究会：料理は科学でうまくなる．河出書房新社，東京．209-213p.

*49-2 西潟正人：日本産魚料理大全．緑書房，東京．344pp.

*49-3 山本保彦：現代おさかな事典．NTS，東京．

*49-4 香川芳子：日本食品標準成分表．女子栄養大学出版部．

*49-5 道喜美代・大沢はま子・中浜信子・桜井幸子：家政誌, 19, 167-169.（1968）

*49-6 CAS技術の進化：https://www.abi-net.co.jp/cas/

*49-7 河北新報：生もの品質キープし急速解凍レンジ開発
（http://www.kahoku.co.jp/tohokunews/201602/20160224_13044.html）

協力者・協力機関一覧（五十音順，敬称略）

伊藤　敦，大塚　攻，柄沢宏明，小針　統，立川浩之，古板博文，松岡卓司，安田明和，山田和彦，渡部哲也，Rudolf Diesel

岡山県農林水産総合センター水産研究所，海洋研究開発機構，国立科学博物館，水産研究・教育機構，鳥羽水族館，The Crustacean Society

索引

【学名・和名索引】

〔欧文〕

Allopetrolisthes punctatus Q33
Aratus pisonii Q10
Austruca annulipes Q14
Austruca lactea Q13
Austruca perplexa Q13/Q14
Birgus latro Q02/Q36/Q43
Boodlea coacta Q08
Camposcia retusa Q09
Caprella Q48
Cephalocarida Q39
Ceratothoa carinata Q25
Ceratothoa oxyrrhynchaena Q25
Ceratothoa trigonocephala Q25
Ceratothoa verrucosa Q25
Chionoecetes opilio Q08/Q23
Coenobitidae Q43
Corallina pilulifera Q08
Diogenidae Q43
Elaphognathia cornigera Q44
Elaphognathia discolor Q44
Elthusa moritakii Q25
Eriocheir japonicus Q22
Eriocheir sinensis Q22
Ethusina abyssicola Q47
Gaetice depressus Q14
Gelasimus tetragonon Q03
Gelasimus vocans Q03
Geothelphusa dehaani Q33
Gnathia camuripenis Q44
Goniopsis cruentata Q10
Haliporoides sibogae Q32
Hapalogaster dentata Q14
Hemilepistus reaumuri Q33

Hirondellea gigas Q47
Hyastenus diacanthus Q08
Hyperia galba Q24
Ihlea punctata Q24
Ilyoplax pusilla Q09
Inachus phalangium Q08
Lestrigonus schizogeneios Q24
Litopenaeus vannamei Q22
Lucenosergia lucens Q32
Macrocheira kaempferi Q08
Marsupenaeus japonicus Q22/Q32
Metapenaeopsis acclivis Q23
Metapenaeopsis barbata Q40
Metapenaeus ensis Q22
Metopaulias depressus Q28/Q33
Micippa platipes Q08
Mictyris guinotae Q10
Mothocya collettei Q25
Nannotheres moorei Q47
Nectipoda Q39
Nerocila japonica Q25
Oratosquilla oratoria Q40
Pacifastacus leniusculus
    trowbridgii Q47
Paguridae Q43
Pandalus latirostris Q32
Panulirus argus Q41
Panulirus brunneiflagellum Q41
Panulirus homarus Q41
Panulirus japonicus Q10/Q17/Q41
Panulirus longipes Q23/Q41
Panulirus marginatus Q41
Panulirus ornatus Q41
Panulirus pasquensis Q41
Panulirus penicillatus Q23/Q41
Panulirus versicolor Q41
Paralithodes brevipes Q22
Parapaguridae Q43
Pectenophilus ornatus Q27
Penaeus monodon Q22/Q32
Penaeus semisulcatus Q22
Percnon planissimum Q10

Phronima sedentaria　Q24
Plagusia dentipes　Q10
Pleoticus muelleri　Q23
Plesionika semilaevis　Q32
Polyascus polygenea　Q26
Portunus pelagicus　Q22
Portunus trituberculatus Q05/Q17/
　　　　　　　　　　　　Q22
Procambarus clarkii　Q10/Q33
Pseudocarcinus gigas　Q47
Pylochelidae　Q43
Pyrosoma atlanticum　Q24
Rectisura vitjazi　Q47
Remipedia　Q39
Salpa fusiformis　Q24
Scopimera globosa　Q13
Scylla olivacea　Q22
Scylla paramamosain　Q22
Solenocera melantho　Q32
Speleonectes lucayensis　Q39
Stygotantulus stocki　Q47
Synalpheus regalis　Q28
Thalia democratica　Q24
Tiarinia cornigera　Q08
Xenograpsus ngatama　Q30

〔ア行〕

アオモグサ　Q08
アカエビ　Q23/40
アカテガニ　Q11
アカテノコギリガザミ　Q22
アサヒガニ　Q05
アマエビ　Q23
アメリカイセエビ　Q41
アメリカザリガニ　Q07/Q10/Q14/
　　　　　　　　　Q33
アルゼンチンアカエビ　Q23
アンモナイト　Q43
イセエビ　Q10/Q21/Q41
イセエビ科　Q41
イソクズガニ　Q08
イソモク　Q08
ウオノコバン　Q25
ウシエビ　Q22/Q32
ウチダザリガニ　Q47
ウミクワガタ　Q44
エオプロソポン・クルーギ　Q15
エラヌシ属の一種　Q25
オーストラリアオオガニ　Q47
オオタルマワシ　Q24
オオヒライソガニ　Q05
オオワレカラ　Q48
オカヤドカリ科　Q43
オキアミ目　Q01/Q24
オキナワハクセンシオマネキ　Q13/Q14
オキヤドカリ科　Q43
オトヒメエビ　Q12
オハラエビ　Q30

〔カ行〕

貝形虫　Q46
カイコウオオソコエビ　Q47
カイミジンコ　Q21/Q46
カイロウドウケツエビ　Q12
ガザミ　Q05/Q17/Q22
カシラエビ綱　Q39
カノコイセエビ　Q23
カバンヤドカリ　Q12
カブトエビ　Q45
カマクラエビ　Q17
カルエボシ　Q42
カレサンゴウミクワガタ　Q44
キタホウネンエビ　Q45
キンセンガニ　Q05
クビナガワレカラ　Q48
クマエビ　Q22
クモガニ上科　Q08
クラゲノミ　Q24
クルマエビ　Q22/Q32/Q36
ケブカイセエビ　Q41
ケフサイソガニ　Q06
ケンミジンコ　Q27/Q50

甲殻類（綱） Q39
ゴエモンコシオリエビ Q30
ゴシキエビ Q41
コメツキガニ Q13/Q34
根鰓亜目 Q32

〔サ行〕

サクラエビ Q32
ザリガニ Q07
サワガニ Q07/Q32/Q33
サンメスクラゲノミ Q24
シオマネキ Q04/Q13/Q34
シカツノウミクワガタ Q44
シマアジノエ Q25
シマイシガニ Q05
シマイセエビ Q23/Q41
シマエビ Q17
シャコ Q40
十脚目 Q24
ショウジンガニ Q10
シロエビ Q23
ズワイガニ Q08/Q23
節足動物門 Q01
セトウチホウネンエビ Q45
ソコウオノエ Q25
ソメワケウミクワガタ Q44

〔タ行〕

ダイオウグソクムシ Q47
タイノエ Q25
タイワンガザミ Q22
タイワンホウキガニ Q30
タカアシガニ Q01/Q08/Q47
タツエビ Q18
タナイス目 Q24
タラバガニ Q19
端脚目 Q24/Q47
ダンゴムシ Q01/Q25
チゴガニ Q09/Q13/Q34
チュウゴクモクズガニ Q22
ツノガイヤドカリ科 Q43

ツノガニ Q08
ツノテッポウエビ Q28
テナガエビ Q12/Q31
等脚目 Q24/Q25/Q47
トガリサルパ Q24
トゲアシガニ Q10
トゲノコギリガザミ Q22
トゲワレカラ Q48
トヤマエビ Q18
トラエビ Q23
トリカジカエラモグリ Q25

〔ナ行〕

ナミオウオノエ Q25
ナミクダヒゲエビ Q23/Q32/Q37
ニシキエビ Q41
ニシノシマホウキガニ Q30
ヌマエビ Q31

〔ハ行〕

背甲目 Q45
ハクセンシオマネキ Q13/Q14
ハダカホンヤドカリ Q12
ハナサキガニ Q22
バナメイエビ Q22
ハモンサルパ Q24
パラエオパラエモン・ニューベリー Q15
ハワイイセエビ Q41
ヒカリボヤ Q24
ヒメケフサイソガニ Q14
ヒメシオマネキ Q03
ヒライソガニ Q14
ヒラトゲガニ Q14
ヒラワタクズガニ Q08
ピリヒバ Q08
ビワガニ Q05
フクロムシ Q01/Q26
フジツボ Q26
ブラックタイガー Q22/Q32
フリソデエビ Q12

ブロメリアガニ Q28
ベンケイガニ Q11
ホウネンエビ Q45
抱卵亜目 Q32
ボクサーシュリンプ Q12
ホソワレカラ Q48
ホタテエラカザリ Q27
ボタンエビ Q18
ホッカイエビ Q32
ホッコクアカエビ Q18/Q23
ポドコーパ Q46
ホンヒメサルパ Q24
ホンヤドカリ科 Q43

〔マ行〕

マツバガニ Q23
マルエラワレカラ Q48
蔓脚類 Q42
ミオドコーパ Q46
ミジンコ Q45
ミトンクラブ Q06
ミナミコメツキガニ Q10
ミナミベニツケガニ Q05
ミノエビ Q18
ムカデエビ綱（目） Q39
無甲目 Q45
モクズガニ Q06/Q22
モクズセオイ Q08

〔ヤ・ラ・ワ行〕

ヤシガニ Q02/Q36/Q43
ヤドカリ科 Q43
ユノハナガニ Q30
ヨーロッパウミザリガニ Q47
ヨシエビ Q22
ヨツハモガニ Q08
ルリマダラシオマネキ Q03
ワラジムシ Q33
ワレカラ Q33/Q48

【事項索引】

〔欧文〕

anchialine cave Q39
brine shrimp Q45
clam shrimp Q46
fairy shrimp Q45
FDEIA Q16
protopod Q39
resting eggs Q45
summer eggs Q45
tadopole shrimp Q45
winter eggs Q45
Yager, Jill Q39

〔ア行〕

アイソザイム分析 Q28
アスタキサンチン Q07
アルビノ Q07
アレルゲン Q16
アンキアライン洞窟 Q39
イェーガー（人名） Q39
育房 Q27
胃歯（胃臼） Q03
イノシン酸 Q18/Q19/Q20
インテルナ Q26
旨味成分 Q18/Q19
エキステルナ Q26
鰓呼吸 Q09/Q11/Q36/Q37
大顎 Q01/Q03/Q39/Q44/Q46
オモクローム Q07

〔カ行〕

外肢 Q01
開放血管系 Q07
顎舟葉 Q31/Q36
学名 Q27
顎脚 Q03
かに味噌 Q19/Q49
ガラスエビ Q41
夏卵 Q45

カロテノイド　Q07	種小名　Q27
カロテン　Q07	受動的鰓掃除　Q31
肝膵臓　Q19	種苗生産　Q22/Q41
関節鰓　Q36	種苗放流　Q22
偽交尾　Q42	消化酵素　Q18/Q19
寄生去勢　Q26	女王エビ　Q28
基節　Q01	神経節　Q35
キプリス　Q26	真社会性　Q28
脚鰓　Q36	靭帯　Q46
休眠　Q45	心のう　Q20
休眠卵　Q45	心門　Q20
鋏角　Q01	巣穴　Q09/Q14/Q33
胸節　Q45	棲管　Q24
胸部神経節　Q26	生殖肢　Q43
グルーミング　Q31	生殖節　Q45
珪藻　Q06/Q34	生殖腺重量指数　Q40
血リンパ　Q20	成長線　Q46
原節　Q39	精包　Q21
咬脚　Q48	性ホルモン　Q12
交尾後ガード　Q12	摂餌ハサミ　Q34
交尾前ガード　Q12	染色体　Q47
甲ら酒　Q19	前節　Q05
個眼　Q35	先体　Q21
呼吸色素　Q20	属名　Q27
呼吸水　Q31/Q38	ゾエア　Q03/Q11/Q22/Q32
呼吸水循環　Q38	側鰓　Q36
黒点病　Q07	側歯　Q03
根鰓　Q36	属名　Q27

〔サ行〕　　　　　　　　　　〔タ行〕

鰓糸　Q36	第1小顎　Q01/Q39
鰓軸　Q36	第1触角　Q01/Q37/Q39/Q46
鰓室　Q11/Q31/Q36/Q38	堆積物食者　Q34
最終脱皮　Q44	体節性　Q01/Q46
栽培漁業　Q22	第2小顎　Q01/Q39
座節　Q01	第2触角　Q01/Q37/Q39/Q46
自家授精　Q42	鯛之福玉　Q25
色素細胞　Q07	単為生殖　Q45
自己消化　Q18/Q19	中央歯　Q03
指節　Q01/Q05	中腸腺　Q19/Q26
指節踵　Q29	潮下帯　Q08
社会性　Q28	長節　Q01
雌雄同体　Q42/Q45	蝶番　Q46

直接発生　Q32/Q33
チリメンモンスター　Q16
底節　Q36
デポジットフィーダー　Q34
同規的体節性　Q39
頭胸甲　Q31/Q37
頭胸甲長　Q40
胴節　Q45
東部太平洋障壁　Q41
冬卵　Q45
トロポミオシン　Q49
ドリップ　Q49

〔ナ行〕

内肢　Q01
熱水噴出孔　Q30
能動的鰓掃除　Q31
ノープリウス　Q03/Q22/Q26/Q32

〔ハ行〕

バーミゴン幼生　Q26
配偶様式　Q14
爆発型精子　Q21
ハサミ脚　Q01/Q04/Q12/Q13
働きエビ　Q28
パワー増幅　Q29
尾叉　Q45
尾肢　Q43
尾節　Q01/Q43/45
尾節板　Q24
標準和名　Q17/Q18/Q23
プエルルス　Q41
フェロモン　Q33
腹肢　Q32/Q43
副肢　Q01/Q31/Q36
藤永元作　Q22
付属肢　Q01/Q03/Q31/Q36/Q39/Q46
ブラックスモーカー　Q30
ブラッシング　Q31
プランクトン　Q03/Q46
ブルーミート　Q20

噴門部　Q03
閉殻筋　Q46
平衡器　Q35
ヘモグロビン　Q20
ヘモシアニン　Q20
変態　Q44
鞭状部　Q37（Q24で鞭部）
ベントス　Q46
保育のう　Q44
捕脚　Q29
ポストラーバ　Q22
ホソワレカラ　Q48
ポドコーパ　Q46

〔マ行〕

マンカ幼生　Q25
マントル孔　Q26
ミオドコーパ　Q46
味覚センサ　Q49
メラニン色素　Q07/Q20
毛鰓　Q36
毛細血管　Q20

〔ヤ行〕

雄性生殖器　Q42
雄性先熟雌雄同体　Q25
融雪プール　Q45
幽門部　Q03
葉腋　Q33
葉鰓　Q36
養殖　Q22

〔ラ行〕

両性生殖　Q45
リンパ液　Q20
リンパ球　Q20

〔ワ行〕

矮雄　Q42
和名　Q17/Q23
腕節　Q01

執筆者略歴 *五十音順

青木 優和
1960年生まれ
九州大学大学院理学研究科博士課程修了
博士(理学)(九州大学)
現在 東北大学大学院農学研究科 准教授

朝倉 彰
1958年生まれ
九州大学大学院理学研究科博士課程修了
理学博士(九州大学)
現在 京都大学瀬戸臨海実験所 教授

石田 典子
1959年生まれ
東北大学農学部卒業
農学博士(九州大学)
現在 水産教育・研究機構 中央水産研究所 主任研究員

大富 潤
1963年生まれ
東京大学大学院農学系研究科水産学専攻博士課程修了
農学博士(東京大学)
現在 鹿児島大学水産学部 教授

加賀谷 勝史
1979年生まれ
北海道大学大学院理学研究科博士課程修了
理学博士(北海道大学)
現在 京都大学白眉センター/フィールド科学教育研究センター瀬戸臨海実験所 特定助教

加藤 久佳
1964年生まれ
東北大学大学院博士課程地学専攻修了
博士(理学)(東北大学)
現在 千葉県立中央博物館 地学研究科 主任上席研究員

後藤 太一郎
1955年生まれ
岐阜大学大学院医学研究科博士課程単位取得退学
医学博士(岐阜大学)
現在 三重大学教育学部 教授

小西 光一
1951年生まれ
北海道大学大学院理学研究科博士課程修了
理学博士(北海道大学)
現在 水産教育・研究機構 中央水産研究所 専門員

齋藤 暢宏
1967年生まれ
東海大学大学院海洋学研究科海洋資源学専攻修了
修士(水産学)
現在 株式会社水土舎 主任研究員

阪地 英男
1963年生まれ
東京水産大学水産学部資源増殖学科卒業
博士(水産学)(東京水産大学)
現在 水産研究・教育機構 瀬戸内海区水産研究所資源生産部 主幹研究員

佐々木 潤
1964年生まれ
北海道大学大学院水産学研究科修士課程中退
現在 北海道立総合研究機構 網走水産試験場 調査研究部 主査

鈴木 廣志
1954年生まれ
九州大学大学院理学研究科後期博士課程単位取得後退学
理学博士(九州大学)
現在 鹿児島大学水産学部 教授

高橋　徹
1954 年生まれ
九州大学大学院農学研究科博士後期課程単位取得退学
博士（農学）
現在 熊本保健科学大学共通教育センター　教授

田中　克彦
1973 年生まれ
筑波大学大学院博士課程生物科学研究科修了
博士（理学）（筑波大学）
現在 東海大学海洋学部 講師

張　成年
1957 年生まれ
東北大学大学院農学研究科博士後期課程修了
農学博士（東北大学）
現在 水産教育・研究機構 中央水産研究所　主任研究員

長澤　和也
1952 年生まれ
東京大学大学院農学系研究科博士課程修了
農学博士（東京大学）
現在 広島大学大学院生物圏研究科 教授

浜崎　活幸
1962 年生まれ
九州大学大学院農学研究科修士課程中退
博士（農学）（九州大学）
現在 東京海洋大学海洋生物資源学部門　教授

蛭田　眞一
1950 年生まれ
北海道大学大学院博士課程単位修得退学
博士（理学）（北海道大学）
現在 北海道教育大学 副学長

蛭田　眞平
1980 年生まれ
北海道大学大学院博士後期課程修了
博士（理学）（北海道大学）
現在 国立科学博物館 分子生物多様性研究資料センター 特定非常勤研究員

村山　史康
1982 年生まれ
広島大学生物生産学部卒業
現在 岡山県農林水産総合センター水産研究所開発利用室 研究員

山内　健生
1976 年生まれ
九州大学大学院比較社会文化研究科修士課程修了
博士（学術）（広島大学）
現在 兵庫県立大学自然・環境科学研究所　准教授 / 兵庫県立人と自然の博物館　主任研究員

遊佐　陽一
1965 年生まれ
京都大学大学院博士後期課程修了
博士（理学）（京都大学）
現在 奈良女子大学理学部 教授

和田　恵次
1950 年生まれ
京都大学大学院理学研究科博士課程単位取得退学
博士（理学）（京都大学）
現在 奈良女子大学名誉教授 / いであ株式会社大阪支社技術顧問

みんなが知りたいシリーズ⑤
エビ・カニの疑問50

定価はカバーに表示してあります。

平成29年9月28日　初版発行

編　者　日本甲殻類学会

発行者　小川　典子
印　刷　三和印刷株式会社
製　本　東京美術紙工協業組合

発行所　㍿ 成山堂書店

〒160-0012 東京都新宿区南元町4番51 成山堂ビル
TEL：03（3357）5861　　FAX：03（3357）5867
URL　http://www.seizando.co.jp

落丁・乱丁本はお取り換えいたしますので, 小社営業チーム宛にお送りください。

Ⓒ 2017 Carcinological Society of Japan
Printed in Japan

ISBN978-4-425-83101-2

好評発売中！

**杉浦千里動物図鑑
美しきエビとカニの世界**

杉浦千里 画
朝倉彰 解説

A4判・3,300円

**魅惑の貝がらアート
セーラーズ
バレンタイン**

飯室はつえ 著

B5判・2,200円

**The Shell
綺麗で希少な貝類
コレクション303**

真鶴町立遠藤貝類
博物館 著

A4変形・2,700円

海辺の生きもの図鑑

千葉県立中央博物館
分館海の博物館
監修

新書判・1,400円

**水族館発！
みんなが知りたい
釣り魚の生態**

海野徹也・馬場宏治
共著

A5判・2,000円

**みんなが知りたいシリーズ①
海藻の疑問50**

日本海藻学会 編

四六判・1,600円

**みんなが知りたいシリーズ②
雪と氷の疑問60**

日本雪氷学会 編

四六判・1,600円

**みんなが知りたいシリーズ③
潮干狩りの疑問77**

原田知篤 著

四六判・1,600円

**みんなが知りたいシリーズ④
海水の疑問50**

日本海水学会 編

四六判・1,600円

**ベルソーブックス004
魚との知恵比べ**

川村軍蔵 著

四六判・1,800円

**ベルソーブックス013
魚貝類とアレルギー**

塩見一雄 著

四六判・1,800円

**ベルソーブックス033
クロダイの生物学と
チヌの釣魚学**

海野徹也 著

四六判・1,800円

**ベルソーブックス035
イセエビをつくる**

松田浩一 著

四六判・1,800円

**ベルソーブックス041
アオリイカの秘
密にせまる**

上田幸男・海野徹也
共著

四六判・1,800円

新・海洋動物の毒

塩見一雄・長島裕二
共著

A5判・3,300円

■定価は本体価格（税別） ■総合図書目録無料進呈